变质耐磨锰钢

BIANZHI NAIMO MENGGANG

朱瑞富 吕宇鹏◎编著

化学工业出版社

·北京·

内容简介

本书在分析现有国内外关于奥氏体锰钢研究成果的基础上，总结了作者在本研究领域多年的研究成果。全书共 8 章，内容涵盖高锰钢简介、高锰钢的研究概述、变质锰钢的组织与性能研究、变质锰钢的动态变形行为研究、变质锰钢的磨料磨损行为研究、变质锰钢磨损过程的动态研究，以及变质锰钢宏观特性的微观机制研究，最后对变质耐磨锰钢的研究进行了汇总与展望。

本书可供从事金属材料研究、生产和使用的单位和人员参考，也可供从事金属材料选用、机械加工等相关研究及技术人员参考。

图书在版编目（CIP）数据

变质耐磨锰钢/朱瑞富，吕宇鹏编著 . —北京：化学工业出版社，2022.3

ISBN 978-7-122-42712-0

Ⅰ.①变…　Ⅱ.①朱…②吕…　Ⅲ.①耐磨钢-高锰钢-研究　Ⅳ.①TG142.33

中国国家版本馆 CIP 数据核字（2023）第 006562 号

责任编辑：王清颢　张兴辉	文字编辑：张　宇　陈小滔
责任校对：田睿涵	装帧设计：王晓宇

出版发行：化学工业出版社（北京市东城区青年湖南街 13 号　邮政编码 100011）
印　　装：北京科印技术咨询服务有限公司数码印刷分部
710mm×1000mm　1/16　印张 9　字数 159 千字　2023 年 5 月北京第 1 版第 1 次印刷

购书咨询：010-64518888　　　　　　　　售后服务：010-64518899
网　　址：http://www.cip.com.cn
凡购买本书，如有缺损质量问题，本社销售中心负责调换。

定　　价：89.00 元　　　　　　　　　　　　　版权所有　违者必究

前言

冶金、矿山、建材、煤炭、铁路、电力、化工、农机、军工等各个工业领域中都会用到大量的耐磨材料，而且每年都有大量工件因材料磨损而失效。仅冶金、电力、建材、煤炭、农机五个领域的不完全统计，我国每年因磨损消耗的钢材达百万吨以上，耗资相当于 50 亿元以上，易磨损件寿命低已成为我国经济发展中的一个重要问题。

目前国内外在冲击磨料磨损工况中所使用的金属耐磨材料主要有三大体系：①奥氏体锰钢；②低合金高强度耐磨钢；③高铬铸铁（钢）及其它白口铸铁。高铬铸铁的硬度很高，其耐磨性在各类金属耐磨材料中居于首位，然而，其脆性很大，因此只能用于低冲击条件下的磨料磨损。低合金高强度耐磨钢的硬度较高，韧性优于高铬白口铸铁，但却远低于高锰钢，在冲击负荷不大的条件下代替高锰钢制作抗磨件能有较好的效果，但在强烈冲击工况下使用仍不够安全可靠，因此只能用于中低冲击条件下的磨料磨损。高锰钢具有异常高的加工硬化能力和奥氏体固有的高韧度两个重要特征，在奥氏体状态下的硬度只有 170～230HB，但经强烈冲击变形后表面层硬度可达 500～800HB，而在硬化层的内侧仍是韧度很高的奥氏体组织，这样硬化层具有很高的硬度，硬化层的内侧又有好的韧性，从而使高锰钢不仅具有很高的安全可靠性，而且具有较强的抗磨料磨损能力。因此，高锰钢被广泛用作冲击磨料磨损条件下的耐磨件。

高锰钢因其奥氏体的稳定性较高，在非强烈冲击工况条件下，其加工硬化能力得不到充分有效的发挥，因而耐磨性并不理想。为此，近年来发展了奥氏体稳定性较低的介稳奥氏体锰钢，但介稳奥氏体锰钢的韧性较差，尤其是大截面铸件，淬火后易出现裂纹，使其生产和应用受到极大的限制。

从高锰钢问世百余年来，虽然人们不断研制和使用一些新的材料，但高锰钢在耐磨金属材料中仍占有重要的位置，仍在发挥它的作用。主要工业国家都有自己的高锰钢牌号和标准。多年来，关于这一古老钢种的研究工作已做过不少，但是关于钢的化学成分、组织和性能的研究工作仍在继续，生产工艺也在不断改进。尤其是关于高锰钢加工硬化的理论研究工作随着实验技术的进步也在不断地深化。

笔者从 1985 年开始涉足高锰钢的相关研究工作。先后完成了硕士研究论文《合金化和热处理对高锰钢组织和性能的影响》和博士研究论文《变质系列锰钢耐磨机理的研究》；完成机械工业部教育司科技基金项目"系列奥氏体锰钢及其微观结构"，山东省教委项目"高锰钢的合金化和弥散处理工艺的研究"，山东省教委项目"变质洁净耐磨钢"，博士基金项目"奥氏体锰钢的价电子结构及 TEM 原位拉伸变形的动态观察"等研究课题。取得的主要研究成果有：国家科技进步二等奖"耐磨奥氏体锰钢化学成分和热加工工艺优化"，国家技术发明四等奖"处理奥氏体锰钢的 SR 变质剂及其处理工艺"，山东省科技进步一等奖"高强韧性多元微合金耐磨锰钢及其节能热处理工艺"，教育部科技进步一等奖"耐磨奥氏体锰钢化学成分和热加工工艺优化"，国家教委科技进步三等奖"高强韧度微合金化和变质耐磨钢及其节能热处理"，山东省自然科学优秀成果二等奖"Fe-Mn-C 合金加工硬化的价电子结构模型"，国家机械工业局科技进步二等奖"系列奥氏体锰钢及其微观结构"等 20 余项。获得发明专利 2 项，发表相关论文 50 余篇。以上研究成果为本书写作奠定了基础。

本书试图通过对锰钢化学成分、生产工艺、使用条件等因素与耐磨性关系的系统研究，实现材料成分、生产工艺和使用工况的综合优化。另外，还将进一步系统研究优化后的材料的组织结构、力学性能、动态变形行为和动态磨料磨损行为，并探讨其加工硬化和耐磨机理，为该类合金的研制、生产和使用提供实验和理论依据。本书可供从事奥氏体耐磨锰钢研究、生产和使用的单位和人员参考。

本书参考了一些同行的研究论文和著作，在此表示感谢！感谢山东工业大学王世清教授、哈尔滨工业大学雷廷权院士给予的悉心指导。感谢在本书出版过程中提供支持和帮助的各位老师和朋友！

由于时间和精力有限，书中不妥之处在所难免，恳请各位不吝赐教。

编著者

2022 年 12 月

目录

第 3 章
变质锰钢的组织与性能研究 38

第 4 章
变质锰钢的动态变形行为研究　60

第 7 章
变质锰钢宏观特性的微观机制研究　　108

第 8 章
变质锰钢的研究成果与未来展望　　125

参考文献　　131

第 1 章　高锰钢简介

奥氏体高锰钢最初是于 1882 年 9 月在实验室中，研究人员在纯铁中加入锰得到的。那时发现该钢中含锰 7%～20%（本书中含量无特殊说明的为质量分数），经水淬后得到单相奥氏体组织。这种钢有很好的流动性和韧性，可以用来制作铸件。1892 年，第一次使用此种材料制作铸件。1896 年确定了它的热处理的水淬温度。1902 年又进一步确定了高锰钢铸件的水淬温度应为 980～1050℃，锻件的水淬温度应为 940～1000℃。在这段时间内，人们对高锰钢的成分不断进行研究，19 世纪末已大概确定其碳含量在 1.2%左右，锰的含量从开始时很宽的范围改变到 12%～13%。这样的化学成分一直沿袭至今。本章将简要介绍高锰钢化学成分与力学性能、熔炼工艺、铸造工艺、热处理工艺、铸件的切割、铸件的焊补、铸件的切削加工等内容，以供参考。

1.1　化学成分与力学性能

作为耐磨材料使用的高锰钢的化学成分（质量分数）大致为：

C(0.9%～1.5%)，Mn(10%～15%)，Si(0.3%～1.0%)，S(≤0.05%)，P(≤0.10%)。

我国高锰钢铸件的相关国家标准是 GB/T 5680—2010。奥氏体锰钢铸件的化学成分见表 1-1，其力学性能见表 1-2。

GB/T 5680—2010 中规定高锰钢铸件必须进行不低于 1040℃ 的水韧处理；化学成分为必检项目，此外，制造厂可根据检测能力，经供需双方商定选择金相组织检验、力学性能检验和无损探伤检验中的一项或多项作为产品验收的必检项目。高锰钢铸件的金相检验请参阅国家标准《铸造高锰钢金相》（GB/T 13925—2010）。

表 1-1　奥氏体锰钢铸件的化学成分（GB/T 5680—2010）

牌号	化学成分(质量分数)/%								
	C	Si	Mn	P	S	Cr	Mo	Ni	W
ZG120Mn7Mo1	1.05～1.35	0.3～0.9	6～8	≤0.060	≤0.040	—	0.9～1.2	—	—
ZG110Mn13Mo1	0.75～1.35	0.3～0.9	11～14	≤0.060	≤0.040	—	0.9～1.2	—	—
ZG100Mn13	0.90～1.05	0.3～0.9	11～14	≤0.060	≤0.040	—	—	—	—
ZG120Mn13	1.05～1.35	0.3～0.9	11～14	≤0.060	≤0.040	—	—	—	—
ZG120Mn13Cr2	1.05～1.35	0.3～0.9	11～14	≤0.060	≤0.040	1.5～2.5	—	—	—
ZG120Mn13W1	1.05～1.35	0.3～0.9	11～14	≤0.060	≤0.040	—	—	—	0.9～1.2
ZG120Mn13Ni3	1.05～1.35	0.3～0.9	11～14	≤0.060	≤0.040	—	—	3～4	—
ZG90Mn14Mo1	0.70～1.00	0.3～0.9	13～15	≤0.070	≤0.040	—	1.0～1.8	—	—
ZG120Mn17	1.05～1.35	0.3～0.9	16～19	≤0.060	≤0.040	—	—	—	—
ZG120Mn17Cr2	1.05～1.35	0.3～0.9	16～19	≤0.060	≤0.040	1.5～2.5	—	—	—

注：允许加入微量 V、Ti、Nb、B 和 RE 等元素。

表 1-2　奥氏体锰钢铸件的力学性能（GB/T 5680—2010）

牌号	下屈服强度 R_{eL}/MPa	抗拉强度 R_m/MPa	断后伸长率 A/%	冲击吸收能量 K_{U2}/J
ZG120Mn13	—	≥685	≥25	≥118
ZG120Mn13Cr2	≥390	≥735	≥20	—

1.2　熔炼工艺

1.2.1　电弧炉熔炼工艺

（1）氧化法冶炼工艺

1）配料。

① 炉料主要由碳素废钢组成，炉料熔清后碳含量应大于 0.5%，以保证氧化脱碳量在 0.3% 以上。

② 炉料平均磷含量最好不要超过 0.04%。

③ 锰铁在还原期加入。由于钢的规格碳含量较高，可以采取将高碳锰铁、中碳锰铁和低碳锰铁配合使用。

2）炉子条件和装料要求。与碳钢的冶炼相同。

3）冶炼工艺要点。

① 脱磷。用氧化法冶炼时，锰铁是在还原期加入的。由于锰铁含磷较多，因此要求在熔化期和氧化期尽量降低钢水的磷含量。具体措施如下：

- 尽量采用低磷炉料；
- 在熔化期脱磷，在装料时应在炉底和炉坡处加入 2%～3% 的石灰和 1% 的氧化铁皮（或矿石）；
- 在炉料熔清前应随时补加石灰和氧化铁皮（或矿石），造成高碱度和强氧化性的炉渣，以利于脱磷，熔化末期可采取自动流渣，炉渣熔清后，根据钢水磷含量的多少扒除全部或大部分炉渣；
- 如果含磷量高，可在氧化期继续脱磷，可分 2～3 批加入氧化铁皮（或矿石）调整炉渣，不断进行流渣，直至磷含量达到要求；
- 氧化末期钢水磷含量≤0.015% 时，才可以扒除氧化渣，并开始还原。

② 还原。因钢的碳含量较高，可采用电石渣还原。电石渣还原的方法如下。a. 加入全部（或大部分）锰铁后，加第一批渣料，渣料组成为石灰 5～6kg/t；萤石 1～1.5kg/t；碳粉 2～3kg/t。渣料加入后关闭炉门及出钢口，还原 20min 左右即可形成电石渣。b. 电石渣形成后加第二批渣料，渣料组成为石灰 5～6kg/t；萤石 1～1.5kg/t；碳粉 1.5～2kg/t；硅铁粉 1.5～2kg/t。钢水在良好的电石渣下还原的时间应不少于 15min。

③ 加锰铁的方法。

a. 锰铁在还原期加入，可以在稀薄渣条件下加入，也可以在电石渣形成后加入，通常多采用在稀薄渣下加入的方法，用这种方法时锰铁熔化较快，但锰的收得率稍低。

b. 由于锰铁需要加入的量多，当一次全部加入时，往往造成钢水大幅度降温，延长锰铁的熔化时间，在炉温较低的情况下，甚至造成锰铁的"冻结"（大量未熔化的锰铁在炉膛里堆积成小山丘）。为避免这种现象，可采取分批加锰铁的方法，锰铁的批量应根据炉温而定。

c. 锰铁的块度最好是 50～100mm，锰铁须事先烧至发红，并且最好是趁热加入，以加速其熔化。

d. 锰铁的密度较大，易沉淀在炉底。为避免沉淀现象，每加入一批锰铁后，应充分搅拌熔池。

4）冶炼工艺。电弧炉氧化法冶炼工艺如表 1-3 所示。

表 1-3　电弧炉氧化法冶炼工艺

时 期	工 序	操作摘要
熔化期	1. 通电	▲用允许的最大功率供电
	2. 助熔	▲推料助熔。熔化后期，加入适量渣料及矿石；炉料熔化 60%～80% 后，吹氧助熔；熔化末期换用较低电压供电
	3. 取样、扒渣	▲炉料全熔后充分搅拌钢水；取钢样①，分析碳、磷含量；根据磷含量的高低，决定扒除大部分或全部炉渣，并重新造渣

时期	工序	操作摘要
氧化期	4. 氧化脱碳	▲钢水温度在1560℃以上、炉渣流动性良好时,即可吹氧脱碳,吹氧压力为6～8kgf/cm²
	5. 估碳、取样	▲估计碳含量降至0.22%左右时停止吹氧;充分搅拌钢水;取试样②,分析碳、磷含量(要求磷含量≤0.015%才可扒渣)
还原期	6. 扒渣、预氧化	▲扒除全部氧化渣;加入脱氧剂、锰铁(5～10kg/t),加入稀薄渣料
	7. 加锰铁、还原	▲稀薄渣形成后加入烤红的锰铁;随后造电石渣还原,钢水在电石渣下还原15min后,将渣变白
	8. 取样	▲锰铁熔清后,经过充分搅拌钢水,取样③做全分析,并继续还原。取渣样分析,要求 ω(FeO)≤0.5%
	9. 调整成分	▲根据样③的分析结果,调整化学成分(硅含量在出钢前10min调整)
	10. 做弯曲试样	▲取钢水浇注弯曲试样,进行检验。如不合格,需继续还原一段时间,重做试验,直至合格为止
	11. 测温	▲测量钢水温度,要求出钢温度为1470～1490℃。并制作圆杯试样,检查钢水脱氧情况
出钢	12. 出钢	▲钢水温度符合要求,圆杯试样收缩良好时停电,升高电极,插铝0.7kg/t,出钢。要求大口出钢,钢渣同流
	13. 浇注	▲钢水在盛钢桶内镇静5min以上浇注。开浇温度为1370～1390℃。浇注过程中间从盛钢桶取样,做成品钢化学分析

注:1. 表中的出钢温度系钢水量为3t时的情况。

2. 表中所列温度均为热电偶温度。

3. 1kgf/cm²＝0.098MPa,余同。

(2) 不氧化法冶炼工艺

① 配料。

a. 炉料主要由奥氏体锰钢返回料(配入量可达70%～100%)和低磷碳素废钢组成,不足的锰含量用锰铁补足。

b. 碳含量按规格成分的下限配入;锰含量按规格成分的中限或下限配入;磷含量≤0.08%。

② 炉衬条件。要求炉衬良好。

③ 装料。

a. 装料前先往炉底、炉坡处加1%左右的石灰,再加入1%～2%的石灰石,然后再装料。

b. 按照合理布料原则装料。

④ 冶炼工艺。电弧炉不氧化法冶炼工艺如表1-4所示。

表 1-4　电弧炉不氧化法冶炼工艺

时期	工序	操作摘要
熔化期	1. 通电	▲用允许的最大功率供电
	2. 推料助熔	▲推料助熔。熔化后期加入适量渣料并调整炉渣，使炉渣流动性良好。熔化末期换用较低电压供电
	3. 取样	▲炉料全溶后充分搅拌钢水；取钢样①，分析 C、P、Mn；钢水温度达到 1560℃以上时，扒除大部炉渣；加入 1% 的萤石，造稀薄渣
	4. 沸腾	▲稀薄渣形成后，分批加入 2% 的石灰石，形成石灰石沸腾。必要时，可进行低压吹氧沸腾，吹氧压力≤4kgf/cm²，耗氧量约 6m³/t
还原期	5. 还原	▲加碳粉造电石渣还原。造渣材料为：石灰 5~10kg/t；萤石 2~3kg/t；碳粉 4~5kg/t。钢水在电石渣下还原 15min 后，渣变白。取渣样分析，要求 ω(FeO)≤0.5%。做弯折角试验（见表 1-3 电弧炉氧化法冶炼工艺）
	6. 取样	▲搅拌钢水；取钢样②，分析 C、Si、Mn、P、S
	7. 调整成分	▲根据钢样②的分析结果，调整钢水化学成分（硅含量在出钢前 10min 以内调整）
	8. 测温	▲测量钢水温度，要求出钢温度为 1470~1490℃；作圆杯试样，检查钢水脱氧情况
出钢	9. 出钢	▲钢水温度符合要求，圆杯试样收缩良好时，停电、升高电极；插铝 0.5kg/t，出钢。要求大口出钢，钢渣同流
	10. 浇注	▲钢水在盛钢桶内镇静 5min 以上后浇注，开浇温度为 1370~1390℃；浇注过程中间从盛钢桶取样做化学分析

注：1. 表中的出钢温度系钢水量为 3t 时的情况。

2. 表中所列温度均为热电偶温度。

1.2.2　碱性感应电炉炼钢工艺

碱性感应电炉炼钢方法分不氧化法和氧化法两种，一般采用不氧化法。用碱性感应电炉炼钢通常采用沉淀脱氧和扩散脱氧相结合的方法进行钢水的脱氧。扩散脱氧用的材料有碳粉、硅铁粉、硅钙粉和铝粉。

（1）配料和装料

① 碳。用不氧化法时，炉料平均碳含量按规格成分的下限配入；用氧化法时，炉料平均碳含量应比规格成分的下限高 0.2%~0.3%（氧化脱碳量 = 0.2%~0.3%）。

② 磷和硫。炉料平均磷含量一般应不超过 0.06%，平均硫含量应不超过 0.05%。

③ 锰。考虑到氧化烧损，炉料平均锰含量按规格成分的中间或上限配入。

④ 合理的布料原则。在坩埚炉底加小料，小料上面加铁合金，铁合金上面加大料；在坩埚边缘上放更大的料，并在大料的缝隙中填塞小料；炉料应装得紧实，以利于透磁和导电；最好采用料斗装料法（料斗用钢板焊成，其尺寸应与坩

埚内部轮廓相符合，事先装好炉料，料斗随炉料一起下到坩埚内，一起被熔化。这种方法在连续生产的条件下，对较大容量的炉子特别适用）。

（2）冶炼工艺

碱性感应电炉的不氧化法炼钢工艺见表1-5，氧化法炼钢工艺见表1-6。

表1-5　碱性感应电炉的不氧化法炼钢工艺

时期	工序	操作摘要
熔化期	1. 通电熔化	▲开始通电6～8min内供给60%的功率,待电流冲击停止后,逐渐将功率增至最大值
	2. 捣料助熔	▲随着坩埚下部炉料熔化,随时注意捣料,防止"搭桥",并继续添加炉料
	3. 造渣	▲大部分炉料熔化后,加入造渣材料(石灰粉:萤石粉=2:1)造渣覆盖钢水,造渣材料加入量为1%～1.5%
	4. 取样扒渣	▲炉料熔化95%时,取试样作全分析,并将其余炉料加入炉内。炉料熔清后,将功率降至40%～50%,倾炉扒渣,另造新渣
还原期	5. 脱氧	▲炉料熔清后,往渣面上加脱氧剂(石灰粉:铝粉=1:2)进行扩散脱氧。脱氧过程中可用石灰粉和萤石粉调整炉渣的黏度,使渣具有良好的流动性
	6. 调整成分	▲根据化学成分分析结果,调整钢水化学成分,其中硅含量应在出钢前10min以内调整
	7. 测温	▲测量钢水温度,并作圆杯试样,检查钢水脱氧情况
	8. 插硅钙	▲钢水温度达到1560℃以上时,插入0.2%的硅钙粉进一步脱氧;然后往渣面上再加一次脱氧剂
	9. 插铝	▲钢水温度达到1580℃以上时,扒除全部炉渣;随即加入0.07%的冰晶石粉并进行插铝(垂直插入炉底)
出钢	10. 出钢	▲插铝后搅拌钢水,停电倾炉出钢。出钢后在盛钢桶取样,做成品钢化学分析
	11. 浇注	▲出钢后,在钢水面上加草灰覆盖,防止钢水氧化。钢水镇静3～5min后浇注

表1-6　碱性感应电炉的氧化法炼钢工艺

时期	工序	操作摘要
熔化期	1. 通电熔化	▲开始通电6～8min内供给60%的功率,待电流冲击停止后,逐渐将功率增至最大值
	2. 捣料助熔	▲随着坩埚下部炉料熔化,随时注意捣料,防止"搭桥",并继续添加炉料
	3. 造渣	▲大部分炉料熔化后,加入造渣材料(石灰粉:萤石粉=2:1)造渣覆盖钢水,造渣材料加入量为1%～1.5%
	4. 取样扒渣	▲炉料熔化95%时,取①号试样分析C、P含量,并将其余炉料加入炉内。炉料熔清后,将功率降至40%～50%,倾炉扒除全部炉渣,并补入渣料另造新渣

时期	工序	操作摘要
氧化期	5. 氧化脱碳	▲钢水化学成分合格,温度达到 1500℃以上,进行氧化脱碳,脱碳可用矿石法或吹氧法
	6. 估碳取样	▲估计钢水碳含量达到规格成分下限时停止供氧,取②号试样进行全分析
还原期	7. 脱氧	▲炉料熔清后,往渣面上加脱氧剂(石灰粉:铝粉＝1:2)进行扩散脱氧。脱氧过程中可用石灰粉和萤石粉调整炉渣的黏度,使炉渣具有良好的流动性
	8. 调整成分	▲根据②号试样成分分析结果,调整钢水成分,其中硅含量应在出钢前 10min 以内调整
	9. 测温	▲测量钢水温度,并作圆杯试样,检查钢水脱氧情况
	10. 终脱氧	▲钢水温度达到出钢温度 1560℃以上,圆杯试样收缩良好时准备出钢,出钢前插铝 0.8kg/t 进行终脱氧
出钢	11. 出钢	▲插铝后搅拌钢水,2~3min 内停电倾炉出钢。出钢后在盛钢桶取样,做成品钢水化学分析
	12. 浇注	▲钢水镇静 3~5min 后浇注

1.3 铸造工艺

(1) 造型材料

铸型分砂型、金属型和挂砂金属型三种,根据生产条件加以选择。

高锰钢铸件若采用石英砂作为铸型材料,则铸件表面容易发生粘砂,必须使用碱性耐火材料或中性耐火材料制备的涂料,才能防止钢水表面氧化物和铸型之间的作用。例如可以用镁砂粉、铬铁矿粉制备涂料。这样就可以用石英砂干砂型、碱性耐火材料的涂料,以解决一些铸钢厂生产部分高锰钢铸件时使用石英砂作为铸型用砂的问题。

高锰钢铸件生产中使用石灰石砂铸造可取得良好效果。以水玻璃(硅酸钠)为黏结剂的石灰石砂作型心,可以得到光洁的内腔;作型腔可以得到光洁的外表面,清砂也容易。目前国内高锰钢铸件生产中用石英砂和石灰石砂的各一半左右,个别厂家使用云石砂,它也是一种碱性耐火材料。按型砂种类划分,大部分工厂用干砂型或快干砂型,少数工厂生产小件时用湿砂型。大部分工厂制作心砂的原砂和制作型砂的原砂是一致的。

在涂料方面,绝大部分厂家用镁砂粉涂料,也有个别厂家使用高铝矾土涂料或耐火度更高的锆英石粉涂料。

（2）造型工艺

提前按木模准备好专用砂箱、造型工具，备好内、外型砂，清理好造型场地。砂箱长度、宽度方向与木模的间隔应在 50mm 以上，箱高一般为铸件的 1.5 倍以上。内型砂每次加 15～25mm，填空背砂每加 50mm 冲捣一次，直至填满刮平。下箱紧实度的 B 型硬度值宜为 75～90，上箱宜为 65～75，要求边缘紧、中间松，在不塌箱的前提下，以松为宜。以 $\phi 4mm$ 左右的气孔针插出气孔，每 $10cm^2$ 插 4 个，重点插四角，引出心头处应有出气孔。铸型不得烘烤，型造好后等待 20～30min 即可使用。

（3）制心工艺

制心盒的几何尺寸应与图纸相符；型心紧实度的 B 型硬度值为 65～75；以 $\phi 3～6mm$ 的气孔针插出气孔，出气孔的数目根据型心的厚度与大小确定，一般情况为 1 个/cm^2，心头需插透，以保证孔的畅通；型心应放在有阳光或通风处晒干或晾干，不得受潮或水湿。

（4）浇注工艺

先将浇包加热到 800℃ 以上，然后倒入剩余钢水，再进行搅拌后覆盖草木灰，待温度降至 1400～1450℃ 时开始浇注。浇注速度按"慢—快—慢"的顺序进行。浇注过程中应尽量使钢水充满浇口杯，且不能使钢水流中断。

1.4 热处理工艺

热处理工艺可根据铸件的使用工况，要求的耐磨性、韧度和铸件大小选择。一般选择原则是：在高冲击工况下，要求高韧度的大件，选择普通水韧处理工艺；在中低冲击工况下，韧度要求不高的小件，选择铸态水韧处理工艺（可降低生产成本）。

（1）普通水韧处理工艺

普通水韧处理工艺如图 1-1 所示，不同冲击工况下使用的耐磨件均可采用该工艺处理，尤其是在高冲击工况下使用的耐磨件。600～700℃ 和 1000～1100℃ 的保温时间按铸件的大小、壁厚和复杂程度确定，小件、薄件和简单件取下限；反之，取上限。

（2）铸态水韧处理工艺

铸态水韧处理工艺如图 1-2 所示，在中低冲击工况下使用的耐磨件可采用该工艺处理。出型入水温度根据铸件的韧度要求确定，韧度要求低者取下限；反之，取上限。

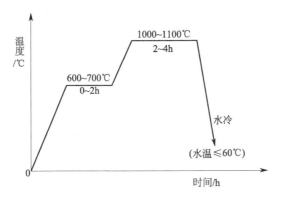

图 1-1　普通水韧处理工艺

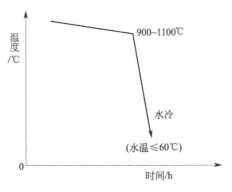

图 1-2　铸态水韧处理工艺

1.5　铸件的切割

除部分隔片冒口外，绝大部分浇冒口的披缝需要切割。通常采用氧-乙炔焰切割为主，用电弧气刨作辅助。电弧气刨用于修理冒口切割不平整的表面、铸件的披缝或表面缺陷的清理。切割时应注意的事项如下。

（1）铸态切割

一般在冷铸态下禁止切割。当铸件高度（包括冒口）超过设备允许的极限尺寸，不能进炉加热。必须在冷态下先切割掉部分冒口时，应把铸件本体浸入冷水中，在冒口根部留出 30～50mm 的余量，待水淬后再进行第二次切割。

（2）水淬后切割

奥氏体锰钢铸件多在水淬后进行切割。切割时应尽量减少热影响区，采用浸

（水切）割或喷（水切）割。浸割是将铸件本体浸入水中，切割部位露出水面，冒口切割后铸件全部浸入水中。喷割是铸件不能浸水，进行切割时有专人配合，边切割边喷水冷却受热面。切割时要求尽可能做到动作快、时间短、一次割平，少修或不修割面。

浸割一般用于大冒口铸件，喷割一般用于小冒口或浇注系统。

1.6　铸件的焊补

生产中应尽可能避免在铸件工作面焊补，非工作面也应少焊。铸件缺陷如气孔、夹渣、小裂纹等的修补，以及磨损零件表面的修复，耐磨表面的堆焊，均采用电弧焊。

（1）焊前准备

清理缺陷，开好焊口。需焊补的缺陷必须用压缩空气、钢丝刷、风铲等机械工具清理干净，有裂纹处宜用砂轮把裂纹打磨掉。焊补面应打磨平滑，露出金属光泽，开好坡口。

（2）焊条

铸件堆焊或修补，均可采用堆焊焊条（如 TDMn6、堆 226 牌号）。在非工作面部位，可用碳素钢焊条补小缺陷，当进行多层焊补时，宜先用奥氏体不锈钢焊条（如奥 102）焊一层（2.5～3mm）作为基底，以减少裂纹。焊条规格常选用 $\phi 3mm$，焊条规格过大时，工作电流增大，会扩大热影响区，对质量不利。

（3）焊补过程

铸件焊补均在水淬后进行，焊前不预热，焊后不回火，一般也不重新淬火（如有特殊要求者例外）。

（4）焊补工艺要点

① 直流焊时极性反接（焊条为正极）。

② 交流焊时，空载电压为 70～90V。

③ 焊条与水平面夹角呈 70°～80°，直径宜小，电弧宜短。

④ 裂纹焊补或焊层较深时，选用杯形或 70°V 形坡口。

⑤ 施焊时螺旋形向前推进，分段（50～100mm）进行，焊后及时趁热锤击焊缝并水冷，待冷到 60℃ 以下时，再进行下一段施焊，以防止焊后产生裂纹。

1.7　铸件的切削加工与压力整形

奥氏体锰钢铸件的切削加工均在水淬后进行，以保证加工部位的尺寸公差。需钻孔、攻螺纹处，铸造时应预铸相应大小的碳素钢棒，以便水淬后加工。

（1）刀具材料的选择

用具有足够强度和韧度的硬质合金刀具，以满足在高低不平的铸件表面进行断续切削的技术性能要求，一般可用国产 YT5、YG8 和 726 等硬质合金刀具。

（2）刀具的技术要求

刀具刃口应锋利，以免钝刀挤压引起表层加工硬化，使次表层的加工难以继续顺利进行。

（3）切削规范

加工设备如车床应有足够的刚度，刀具夹持要牢固。生产时要按设备条件、加工产品表面状况和技术要求等因素，合理调整切削规范。常用规范如下：低速切削，切削速度为 9～12m/min，吃刀深度≤2～3mm，走刀量≤1.0～1.2mm/min，加工时不用冷却液。

（4）压力整形

对于铸造和热处理时发生变形的高锰钢件，可在水韧处理后用压力机对其进行压力整形，以满足高锰钢件的安装和使用要求。

第2章　高锰钢的研究概述

高锰钢（Mn13）是由英国人 R. A. Hadfield 于 1882 年发明的最早用于工业领域的一种 γ 型耐磨钢。除铁外，其基本成分是碳（1.0%～1.4%）、锰（10.0%～14.0%）。这种钢经 1000～1100℃ 的水韧处理后为单相 γ 组织。其性能指标为：σ_s＝353～539MPa，σ_b＝637～980MPa，δ＝21%～55%，ψ＝21%～55%，a_k＝147～294J/cm^2，180～230HB。该钢具有如下优点。

① 生产工艺简单：高锰钢的熔点低，流动性好，工艺容易掌握，质量便于控制；

② 生产成本低廉：其成分简单，不含稀缺物质，不受资源限制，是一种经济实用的材料；

③ 力学性能良好：高锰钢将高的强度、韧度和高的加工硬化能力结合在一起，具有优良的抗冲击耐磨性和安全可靠性。

因此，高锰钢在冶金、矿山、建材、化工、电力、军工、铁道、农机等部门获得了广泛应用。虽然近年来新的耐磨材料不断出现，但由于生产成本高、生产工艺复杂或使用中安全可靠性差等原因，其应用受到限制。目前在耐磨合金中仍以高锰钢为主。

高锰钢虽有其独特的优异性能，但在使用性能和工艺性能方面尚存在下列问题：屈服强度低，使用中常因变形而失效；原始硬度低，在非强烈冲击工况下不能发挥材料的耐磨潜力；铸态脆性大，加热时易开裂；γ 稳定性差，大件不易淬透，再热时易因碳化物析出而脆化；加工硬化能力强，机械切削加工困难；等等。

为了揭开高锰钢耐磨之谜，克服其所存在的问题，进一步提高其耐磨性，一百多年来，国内外众多研究者围绕其化学成分、生产工艺、组织结构、力学性能、使用工况、耐磨机理、磨损机制、加工硬化机制等方面进行了广泛的试验研究，取得了不少研究成果，下文将进行介绍。

2.1　化学成分的研究

2.1.1　改变碳、锰含量

锰含量对奥氏体锰钢耐磨性的影响如图 2-1 所示。在不同的磨损冲击功下，耐磨性与锰含量之间均存在一个耐磨峰值，随着磨损冲击功的减小，耐磨峰值增高，且向低锰方向移动。这是因为随着锰含量的降低，奥氏体的稳定性降低，在磨损冲击功较小的条件下磨面即可产生形变诱发马氏体相变，使钢的加工硬化能力增强，磨面硬度提高，故耐磨性提高。因此，国内外近年来发展了锰含量为 4%～9%（质量分数）的所谓"少锰钢"（表 2-1）。但锰含量过低，会使锰钢中的形变诱发马氏体量剧增，将导致钢的严重脆化，因而其耐磨性不高；锰含量过高，将导致奥氏体的稳定性提高，在磨损冲击功较小的条件下，磨面难以形成形变诱发马氏体，不易发生较充分的加工硬化，硬度较低，因而耐磨性较低。在不同的磨损冲击功下，锰钢的耐磨峰值都分别对应着不同的最佳锰含量。

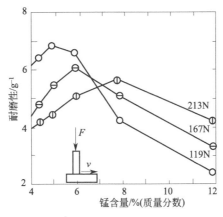

图 2-1　耐磨性与锰含量的关系

在非强烈冲击工况下，高锰钢的耐磨性随碳含量的增加而提高，如图 2-2 所示。何镇明等认为碳是溶质原子，易偏聚在位错线附近形成"柯氏气团"，对位错产生锚固作用，会增加位错的运动阻力。随着碳含量的增加，"柯氏气团"的数量增多，位错的运动阻力增大，从而使锰钢的加工硬化能力和耐磨性得以提高。因此，目前国内外高锰钢的生产有向高碳方向发展的趋势。但在生产中所遇到的困难是高锰钢中碳含量超过 1.3%（质量分数）以后，其冲击韧性不断下降，裂纹敏感性急剧增加，铸造和热处理过程中的工艺废品率显著提高。如（以下含量为质量分数）用含 C（1.78%）、Mn（11.6%）的高碳高锰钢制造衬板时，因淬火废品率高而采用空冷处理；含 C（1.78%）、Mn（6.5%）的所谓变质高碳中锰钢因热处理过程中易开裂而在铸态下使用，但在空冷或铸态条件下的冲击韧性很低，从而使其应用范围受到极大的限制。因此，为了提高高锰钢的耐磨性而改变其碳或锰的含量时，必须综合考虑生产的可行性、使用的可靠性和经济的合理性等因素。

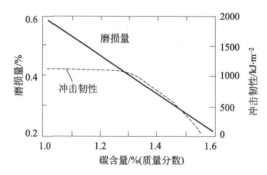

图 2-2   12.5% Mn 钢的耐磨性和冲击韧性与碳含量的关系

2.1.2 再合金化

　　γ 锰钢的再合金化就是在普通 γ 锰钢化学成分的基础上再加入其他合金元素而进行的合金化。多年来国内外在这方面开展了大量的研究工作，研制出了许多新的改型锰钢。一些典型的研究钢种如表 2-1 所示。合金化的目的主要有三个方面。

　　① 提高钢的力学性能和耐磨性能。主要是加入 Cr、Mo、V、Ti、Nb 等合金元素。

　　② 改善工艺性能。加入 Bi、Ca、Pb、S、Al、Se、Te 等合金元素，以改善切削加工性能；加入 Ni、Mo 等合金元素，以提高 γ 相的稳定性，抑制碳化物（K）的析出，延缓再热脆性，提高大截面铸件心部的塑性、韧度，避免或减轻铸件在切割或焊补过程中产生的脆化倾向，甚至在铸态下便可得到单相 γ 组织，从而取消热处理，简化生产工艺。

　　③ 细化铸态结晶组织。主要是加入具有表面活性作用的元素，如 RE、Ca、N、B 等；也可加入能形成高熔点化合物的元素，如 V、Ti、Zr、Nb、RE 等。

　　合金化的方法主要有以下两种。

① 一般合金化。即在普通 γ 锰钢成分的基础上再添加较多的合金元素（如 Cr、Mo、Ni 等）而形成一种新的钢种。以此种方法加入钢中的合金元素主要通过改变钢的基体来改变钢的性能。这是目前在生产中使用最多的合金化方法。

② 微合金化。亦称变质处理，即在普通 γ 锰钢成分的基础上再添加微量合金元素（一般每种合金元素的加入量≤0.3%）而形成一种新型钢种。以此种方法加入钢中的合金元素主要通过细化组织、与有害杂质元素结合或形成铁基体中的第二相析出物而发挥作用。根据所加入变质元素数目的不同，变质可分为单元素变质和多元素复合变质两种。

表 2-1　奥氏体锰钢典型钢种成分一览表

类别	钢种	C/% (质量分数)	Mn/% (质量分数)	其他成分/% (质量分数)	相对耐磨性及特点
标准高锰钢	Mn13	1.0/1.4	10/14	Si(0.3/0.8),P(<0.08),S(<0.05)	1
高碳(碳质量分数>1.4%)	Mn10Ti	1.6	10	Ti(1.10)	打击板:1.3
	Mn13Mo	1.4/1.5	12/14	Mo(1.8/2.1)	屈服强度高
	Mn11CrVTi	1.5/1.6	~11	Cr(2.5)+V+Ti	锤头:1.53
	Mn12RECrTi	1.5/1.9	8/12	RE(0.0165)+Cr(1.8/2.2)+Ti(0.2/0.4)	锤头:1.53
	Mn13CrMoVTi	1.45	13.9	Cr(0.25)+Mo(1.97)+V(0.11)+Ti(0.18)	
中碳(碳质量分数=0.9%~1.4%)	Mn13Cr2	1.1/1.4	11.5/14	Cr(1.5/2.5)	衬板:1.34/1.7
	Mn13Mo	1.1/1.5	11.5/14	Mo(1.8/2.1)	抗裂性能好
	Mn13Ni	0.9/1.0	13	Ni(2/3.5)	可焊性好
	Mn13CrCu	1.2	12	Cr(3)+Cu(1.5)	屈服强度高
	Mn13RE	0.4/1.4	7/13	RE(0.002/0.05)	
	Mn13V	1.1/1.4	10/14	V(1.2/2)	弥散强化
	Mn13VN	1.2	13	V(0.3)+N(0.03/0.08)	
	Mn13VB	0.8/1.0	12	V(1.2/1.5)+B(0.01/0.11)	
	Mn13VTi	1.2/1.4	11/14	V(0.3/0.5)+Ti(0.06/0.15)	颚板:1.86
	Mn13NTi	1.2	13	Ti(0.1)+N(0.025/0.075)	
	Mn13RETi	1.2	13	RE(0.1)+Ti(0.03)	
	Mn13CrV	1.0/1.4	11/14	Cr(2/3)+V(0.4/0.7)	
	Mn13CrTi	1.17	12.8	Cr(0.18)+Ti(0.76)	试验:1.8
	Mn13MoTi	1.2/1.3	12.5	Mo(0.05/1.02)+Ti(0.018/0.25)	
	Mn13CrAlVTi	0.8/1.5	8/13.5	Cr(10/17)+Al(0.05/1.2)+V(0.01/0.5)+Ti(0.2)	试验:1.15
	Mn13CrVNNbTi	0.7/1.2	11/14	Cr(0.5/2)+V(0.1/0.5)+N(0.6)+Nb(0.15)+Ti(0.4)	
低碳(碳质量分数<0.9%)	Mn11Cr	0.58	11	Cr(4.7)	变形时易出现α'
	Mn14Mo	0.89	14	Mo(1.0)	强度和塑性高
	Mn13NiCr	0.7/0.9	12.5/14	Ni(3/3.5)+Cr(1.5)	
	Mn13Ti	0.7/0.8	12.5/14	Ti(<0.1)	抗裂性能好
	Mn12NiCrMoV	0.4	12	Ni(2)+Cr(2)+Mo(1.8)+V(0.5)	屈服强度高

续表

类别		钢种	C/% (质量 分数)	Mn/% (质量 分数)	其他成分/% (质量分数)	相对耐磨性 及特点
中 锰 钢	高碳 (碳质量 分数> 1.4%)	Mn6CrTi 2Mn8	1.43 1.8/1.9	6 7.7/8.3	Cr(2)+Ti(0.14)	打击板:1.6 颚板:2
	中碳 (碳质量 分数= 0.9%～ 1.4%)	Mn6Cr Mn6Mo Mn6CrMo Mn7CrMoRETi Mn9Cr2 Mn9MoTi	1.07 1.2/1.4 1.1/1.3 1.1/1.2 1.1/1.2 1.1/1.4	5.88 5.5/7.0 5.3/6.5 7.4 8.3/9.5 9	Cr(2.5) Mo(0.5/1.5) Cr(1.5/2.0)+Mo(1.0/1.2) Cr(1.2/2.3)+Mo(0.6/0.7)+RE(0.08/0.1)+Ti(0.12) Cr(2.0/2.5) Mo(1)+Ti	冲磨试验:1.5 动磨试验:1.1 试验:1.34 衬板:1.538
	低碳 (碳质量 分数< 0.9%)	Mn6Mo Mn6CrMo Mn7CrMoCuN Mn9CrMoRETi	0.8/1.0 0.7 0.6/0.8 0.75	6/7 6 6/8 9.2	Mo(0.9/1.2) Cr(5)+Mo(1) Cr(2/4)+Mo(0.2/0.6)+Cu(0.2/0.5)+V(0.1/0.15)+N Cr(2)+Mo(0.57)+RE(0.06)+Ti(0.087)	可铸态使用 硬度高 试验:2/2.3 试验:1.21
低 锰 钢	不同 碳含量	Mn4Ti Mn5Mo Mn5MoAl	1.11 1.10 1.26	3.86 5.00 4.96	Ti(0.015) Mo(0.8) Mo(0.98)+Al(0.065)	试验:1 试验:1.14

注:相对耐磨性=Mn13 磨损/试验钢种磨损。

　　奥氏体锰钢的再合金化中,铬是最常用的元素之一。由图 2-3 可见,在铬含量小于 1%(质量分数)的范围内,随着铬含量的增加,高锰钢的冲击韧性和耐磨性同时提高;但铬含量超过 1.0%(质量分数)以后,耐磨性提高幅度很小,且冲击韧性开始降低。铬固溶于奥氏体时,可降低奥氏体的层错能,在变形过程中可防止位错交叉滑移,使位错之间发生缠结并形成平面排列网,阻碍位错运动;当铬未完全固溶时,由于铬含量的不同,在奥氏体基体中可以形成 $(Fe,Cr)_3C$ 或 $(Fe,Cr)_7C_3$ 型的复合碳化物,这些复合碳化物在磨损过程中能有效地保护基体,并提高奥氏体基体自身的硬化能力,减少磨料对基体的犁沟和切削作用,从而提高奥氏体锰钢的耐磨性。但铬含量过高时会导致锰钢的铸态组织中形成难溶的连续的网状碳化物,大截面铸件易出现热处理裂纹,水韧处理后的冲击韧性也显著降低,故对耐磨性会产生不利的影响。因此,生产中铬的添加量(质量分数)通常为 1%～2%。

　　钼是国内外在奥氏体锰钢中广泛使用的再合金化元素之一。由图 2-3 可见,在钼含量小于 1%(质量分数)的范围内,随着钼含量的增加,高锰钢的冲击韧性及其锤头的耐磨性均能明显改善,且加钼的效果优于加铬。奥氏体锰钢加钼后,若采用固溶处理,可使钼固溶于奥氏体相中而起到固溶强化的作用;若采用沉淀强化处理,可使奥氏体中析出弥散分布的钼的碳化物,亦可使锰钢得到强化而提高耐磨性。实践证明,含钼高锰钢在较恶劣的磨料磨损条件下有良好的耐磨性;钼在显著提高钢的屈服强度的同时可不降低其冲击韧性;钼固溶于奥氏体中可提高奥氏体的稳定性,抑制碳化物的析出,对防止钢的脆化有良好的效果。因此,钼在高锰钢中是一种很有益的元素,但由于钼的价格较高,应注意合理使用,一般加入量均少于 2% (质量分数)。

镍可明显提高奥氏体的稳定性,抑制碳化物的析出。高锰钢中碳含量为 0.9% (质量分数) 时,加入 3% (质量分数) 的镍可以在铸态下得到单相奥氏体组织。加镍可改善奥氏体锰钢的锻造性能、焊接性能,减少铸件的裂纹。镍可提高奥氏体锰钢的铸态和低温冲击韧性,有效地抑制钢的脆化。镍的加入对强度和耐磨性几乎没有影响。由于镍的资源条件所限,镍只能在重要用途和低温性能要求高的铸件以及在工作时受热的铸件上使用,一般情况下奥氏体锰钢中不加镍。

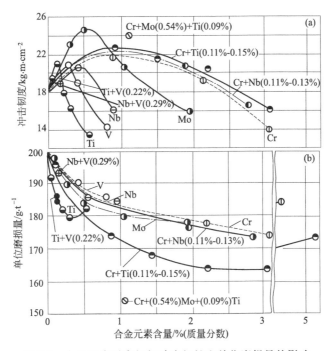

图 2-3　合金元素对高锰钢冲击韧性和单位磨损量的影响

2.1.3　变质处理

变质处理是指钢中通过加入某些变质元素而实现细化组织、与有害杂质元素结合或形成铁基体中的第二相化合物等目的。关于变质的理论目前主要有两种:一种是异质形核理论,据此人们通常选择一些能够形成高熔点化合物的合金元素如 Ti、V、Nb 等加入钢液中，形成异质核心，通过提高形核率而细化晶粒；另一种是溶质元素细化晶粒理论，其中主要包括两种假说，即成分过冷说和枝晶熔断、游离、增殖说，据此人们主要选择一些表面活性元素如 RE、Ca、Mg 等来细化晶粒。目前，奥氏体锰钢中最常用的变质元素有 Ti、V、RE 等。

奥氏体锰钢中加入 V 可以细化奥氏体晶粒，提高钢的屈服强度，并在奥氏体基体内形成高熔点的 VC（碳化钒）硬质点。在磨损变形过程中，VC 不易变形，能够阻碍位错运动，增加位错密度，使位错分布趋于均匀，提高位错的强化效果，从而提高锰钢的耐磨性。

Ti 在奥氏体锰钢中的作用与 V 相似，几乎所有的 Ti 都与钢中的 C 形成 TiC（碳化钛）型硬质点，能够细化组织，消除柱状晶，提高力学性能和耐磨性能。由于 Ti 的效果突出，且加入量少，价格较便宜，所以一般认为 Ti 是在奥氏体锰钢中形成第二相弥散型硬质点的最佳元素。奥氏体锰钢中 Ti 的加入量通常在 0.06%～1.20% 的范围内，超过此范围时常因 TiC（碳化钛）的析出量增多而使材质脆化，耐磨性能恶化。

RE 在奥氏体锰钢中可同时起到净化钢液、细化组织、提高强度、提高韧性和耐磨性等多种作用。RE 可使高锰钢的脱硫率在 50% 以上；RE 与锰钢中的 S、P、O 等杂质结合，可改变夹杂物的性质和熔点，使之球化、细化和分布均匀化；RE 与 C 可形成高熔点的 REC、REC_2、RE_2C_3 等几种类型的碳化物，作为碳化物的析出核心，增加晶内碳化物的数量，减少晶界碳化物的数量，并使奥氏体晶界上连续的网状碳化物变为不连续的团块状；RE 元素以内吸附的方式存在于奥氏体晶界，从而阻碍 C 的扩散和碳化物在晶界的出现；RE 元素具有表面活性，可使铸态组织细化，消除或减少柱状晶。

多元素复合变质时，各元素的作用可彼此激发，相互促进，获得比单一元素变质更佳的效果。多元素复合型 KM 变质剂可综合改善 Mn13 的力学性能，从而提高锰钢的耐磨性。表 2-2 所示是苏联研制的 KM 变质剂对 Mn13 性能的影响结果，KM 变质剂的成分如表 2-3 所示。用 RE 和 Ti 复合变质的高锰钢铲齿使用寿命比 Mn13 提高 220%～270%；用 V 和 Ti 复合变质的高锰钢颚板使用寿命提高了 86% 以上；用 Nb 和 N 复合变质后的中锰钢耐磨性比 Mn13 提高 1 倍左右；用 Mg 系变质剂处理高碳中锰钢，可使针状碳化物（K）在铸态下实现团球化，冲击韧性提高 1～2 倍；用 Ti＋V＋Al、Si＋Ca 和 Si＋Al 等进行复合变质，也取得了良好的效果。

对奥氏体锰钢进行再合金化和变质复合处理，可兼收二者的双重作用，显著提高奥氏体锰钢的耐磨性。由图 2-3 可见，奥氏体高锰钢用 Cr 或 Cr＋Mo 再合金化，并用 Ti 进行变质处理，其耐磨性比用单一方法处理时显著提高；用 Cr＋Ni 再合金化，并用 V＋Ti＋Te 复合变质，亦有好的效果。

表 2-2　KM 变质剂对高锰钢性能的影响

添加剂	加入量/%	$\sigma_b/$ (kg/mm²)	$\sigma_s/$ (kg/mm²)	$\delta/\%$	$\Psi/\%$	$a_k/$ (kg·m/cm²)	HB
未加		56.4	47.5	14.3	24.3	11.2	200
KM-1	0.1	66.4	49.5	19.3	22.9	15.9	207
KM-1	0.2	67.1	50.0	18.6	22.0	13.2	210
KM-1	0.3	68.0	50.0	17.4	22.9	11.8	217
KM-2	0.1	78.5	48.1	29.4	28.5	19.8	207
KM-2	0.2	86.4	49.1	34.0	31.7	21.3	210
KM-2	0.3	88.2	48.7	32.0	30.8	22.4	217

表 2-3　KM 变质剂的成分　　　单位:%（质量分数）

牌号	Ca	Mg	RE	Al	Ti	V	Ba	Si	B	Fe
KM-1	10～20	5～10	20～30	—				40～50		余量
KM-2	3～10	2～8	5～15	20～40	3～5	5～10		1～10		余量
KM-3	10～30	2～5	5～20	—			5～20	40～50		余量
KM-4	20	2～5	15	10～15	—			30～40	3	余量

综上所述，改变奥氏体锰钢中的 C、Mn 含量，可有效改变奥氏体锰钢的力学性能；再合金化是提高奥氏体锰钢耐磨性的重要方法；变质处理是综合改善奥氏体锰钢组织与性能的有效途径。同时改变奥氏体锰钢中 C 与 Mn 的含量、进行再合金化和复合变质处理，可综合改善钢的组织与性能，显著提高钢的耐磨性，是最有前途的发展方向。

2.2　生产工艺的研究

2.2.1　冶炼工艺

这方面的研究重点是钢的精炼技术，包括炉内精炼和钢包精炼。炉内精炼的先进技术是真空熔炼。但目前生产中通常采用氧化法炼钢工艺和出钢前在炉内或出钢槽内加铝脱氧的方法进行精炼。日本的小仓哲造等人发明了一种低 S、P 高锰钢的制造方法：先用 87％的氧化铁皮＋13％的 $CaCO_3$（加入量为 24kg/t）于 1470～1500℃进行脱 Si 处理，然后向钢水中加入含锰矿石（13.5kg/t），待温度降至 1290℃时，用 43％CaO＋43％氧化铁皮＋14％萤石的脱 P 剂（加入量为 30kg/t）进行脱 P 处理，再在 1300～1340℃用 Na_2CO_3 98％的脱 S 剂（加入量为

4.5kg/t）进行脱 S 处理；在 1300～1650℃用 4.8m³/t 氧气进行脱碳处理；最后在 1580～1630℃进行成分调整。这种处理方法使用廉价的含锰矿石，可经济高效地获得最终 S 含量为 0.009％，P 含量为 0.011％的低 S、P 高锰钢。钢包精炼新技术主要有向钢包中喷吹反应剂、氩气搅拌和真空脱气处理等。如通过气体载体向钢液中喷入 CaO＋CaF₂＋Mn₂O₃ 的粉末，可使钢液脱 P 率达 40％。吹氩、吹氮等吹气处理技术用于锰钢生产，可使钢水净化、夹杂减少、铸件质量改善、力学性能和耐磨性能提高。经吹氩处理的 φ1000mm×700mm 的反击式破碎机板锤，在破碎硅质灰岩时的使用寿命提高了 30％。日本专门设计了一种发射机，用其向高锰钢钢液中发射稀土弹（在铝管中封入稀土金属）和钙弹（在铝管中封入硅钙）进行试验，发现夹杂物数量大大降低，钢水明显净化。

2.2.2 铸造工艺

（1）悬浮浇注

悬浮浇注是在铸件浇注时随金属流加入一定成分和一定数量的固态金属粉末。这些金属粉末在液态金属中可起到异质核心和微细内冷铁的作用，改善钢的一次结晶组织，减少或消除柱状晶，减少晶间缺陷和偏析，提高铸件的致密度、力学性能和耐磨性能。如用稀土合金或锰铁作为悬浮剂处理的高锰钢的力学性能和耐磨性能均明显提高（表 2-4）。悬浮浇注工艺简单、成本低、效果好，在锰钢生产中很有推广价值，但应注意合理选择悬浮剂的成分、粒度、加入量和加入方法，以达到经济、有效的目的。

表 2-4 悬浮浇注高锰钢的力学性能和耐磨性能

处理方法	$\sigma_{0.2}$/MPa	σ_b/MPa	δ/%	平均单位磨耗产量/(t/kg)	相对耐磨性/%
1# 稀土合金	400.1	790.4	44	847	130.5
Fe-Mn	—	—	—	977	150.5
未处理	383.4	640.4	37	648	100

注：钢的化学成分有 C(0.98％)、Mn(13.0％)、Si(0.51％)、P(0.06％)、S(0.011％)。

（2）低温快浇

浇注温度对晶粒度和冲击韧性有重要影响，浇注温度越低，晶粒越细，冲击韧性越高。因此，为了得到细晶粒组织的 γ 锰钢，在保证成型的前提下，应尽量贯彻低温快浇的原则，严格控制出钢温度，一般浇注温度为 1390～1450℃。

（3）快速凝固

采用金属型代替砂型铸造，可加速液体金属的凝固，使铸件组织细化，缩孔和疏松减少，砂眼和夹砂等缺陷被克服。高锰钢采用金属型铸造，可使其使用寿命提高 70％，铸件工艺出品率从砂型的 60％～65％ 提高到 75％～80％。金属型铸造宜用于批量大、结构简单的中小件生产。

（4）同时凝固

对于厚度均匀的简单薄壁件，为了避免产生大的应力和翘曲变形，宜用较多扁薄截面的内浇口，均匀、分散、平稳地导入钢水，以实现同时凝固。

（5）顺序凝固

对于厚壁铸件，可采用直立或倾斜浇注，使其自下而上实现顺序凝固；对于厚薄不均匀的大件，宜采用水平浇注，并可采用外冷铁以控制凝固顺序，使其从薄壁处向厚壁处实现顺序凝固。Mn13 球磨机衬板采用斜浇比平浇的使用寿命提高 30％～50％。

总之，铸造工艺的改进是细化组织、减少缺陷、提高质量、改善性能的行之有效的途径。目前，这方面的潜力很大，应予重视。

2.2.3　热处理工艺

为了达到减少奥氏体锰钢在热处理过程中的变形和开裂、简化热处理工艺、节约能源和进一步提高其耐磨性等目的，人们在热处理方面开展了大量的试验研究，研制出了一系列新型热处理工艺，如表 2-5 所示。根据所得组织的不同，可将其分为下述两类。

（1）固溶型热处理

该类热处理主要包括普通热处理、节能热处理和细晶热处理三种类型。其共同特征是所获得的组织均为单一奥氏体。

① 普通热处理。普通热处理工艺主要有两种类型，如表 2-5 中的 1 号、2 号工艺曲线所示。这是目前生产中广泛使用的热处理方法。实践证明，对于结构复杂、壁厚不均匀的大型铸件，在热处理升温过程中于 650～700℃ 保温一定时间，有利于减小热应力，从而减少热处理过程中的变形和开裂，因此应采用 2 号工艺；反之，可采用 1 号工艺。

② 节能热处理。是指利用金属的铸造余热进行热处理的方法。铸件浇注后，待温度降至 1050～1100℃ 时立即出型淬火的方法称为铸态水韧处理（表 2-5 中 3 号工艺）。采用铸态水韧处理，不但可以省去重新加热淬火操作、简化生产工艺、减少能源消耗、缩短生产周期、降低生产成本、改善清砂困难，而且所生产的铸件使用寿命不亚于常规水韧处理。但有的研究结果表明，出型后直接淬火会使铸件变脆，1180℃ 出型水淬时耐磨性较常规淬火降低约 50％，其主要原因是用该工艺处理时无法消除粗大的一次结晶组织和严重的成分偏析，故认为此工艺不能

用于生产。高温出型后立即装炉升温，经保温后再进行淬火（表2-5中4号工艺），可使衬板的耐磨性较常规处理提高55%，冲击韧性提高40J/cm² 以上，其原因是用该方法处理时可减少铸件中的成分偏析和碳化物的析出量，使共晶碳化物呈弥散球状。节能热处理工艺可避免铸件在冷却和重新加热过程中因碳化物析出与溶解而造成的显微缺陷，其生产的铸件与经重新加热处理的同样铸件相比，耐磨性是类似的。奥氏体锰钢经变质处理后，铸态组织显著细化，柱状晶完全消除；夹杂物形状变圆、尺寸变小、数量变少、分布变匀、沿晶界分布现象消失；碳化物得到粒化，晶界网状碳化物数量显著减少；晶内偏析减轻。在此基础上采用铸态水韧处理，不仅简化了生产工艺，显著降低了生产成本，而且获得了良好的耐磨性能。

表 2-5　奥氏体锰钢的热处理工艺

类别		编号	热处理工艺	特点说明
普通热处理		1	(1050±50)℃×(2～4)h 水冷	适用于形状简单的中小件
		2	(650～700)℃×(0～2)h＋(1050～1100)℃×(2～4)h 水冷	适用于大型件和复杂件
节能热处理		3	高温出型后冷至 1050～1100℃入水淬火	利用铸造余热进行淬火，称为铸态水韧处理
		4	高温出型后马上装炉升温至 1080～1100℃，加热保温一定时间后水冷	经高温加热待成分均匀化后淬火
固溶型热处理	细晶热处理	5	(1000～1200)℃×(1～3)h 水冷＋(500～700)℃×(3～5)h＋(950～1000)℃×(2～4)h 水冷	细化晶粒，提高硬度和耐磨性
		6	(1050±50)℃×(2～4)h 水冷＋(650～700)℃×(2～3)h 升温至(1050～1100)℃×(2～4)h 水冷	晶粒从数毫米细化到 0.1～0.2mm
		7	$[A_{c1}-(170～200)℃]×(2～3)$h 升温至$[A_{c1}+(650～700)℃]×(2～3)$h 水冷＋$[A_{c1}-(170～200)℃]×(2～3)$h 升温至$[A_{c1}+(650～700)℃]×(2～3)$h 水冷	双重退火和淬火处理，提高耐磨性
		8	1000℃×(2～4)h 水冷＋950℃×(2～4)h 水冷＋900℃×(2～4)h 水冷	阶梯加热
		9	950℃×(2～4)h 水冷＋950℃×(2～4)h 水冷＋950℃×(2～4)h 水冷	循环加热
		10	1000℃×(2～4)h 水冷＋900℃×(2～4)h 水冷＋1000℃×(2～4)h 水冷＋900℃×(2～4)h 水冷	交替加热

类别	编号	热处理工艺	特点说明
弥散型热处理	11	(1100～1150)℃×(2～4)h 水冷＋900℃×(2～4)h 水冷	对加 V 钢可明显提高耐磨性
	12	(1100～1150)℃×(2～4)h 水冷＋(500～600)℃×(2～4)h 水冷＋(800～950)℃×(2～4)h 水冷	使 K 微细化,提高硬度和耐磨性
	13	(500～700)℃×(2～4)h 水冷＋(500～700)℃×(2～4)h 水冷＋(900～1200)℃×(2～4)h 水冷	用于含 Mn 5％～30％的钢
	14	(850～870)℃×(2～4)h 降温至 150℃后升温至 1000℃保温后水冷	对加 V、Ti 的钢可明显提高耐磨性
	15	(1050～1100)℃×(2～4)h 水冷＋350℃保温后空冷	应严格控制时效温度,该工艺较经济空冷
	16	(1050～1100)℃×(2～4)h 水冷＋600℃保温后升温至(950～1000)℃×(2～4)h 水冷	对以 Mo 为主加元素的钢果不明显

③ 细晶热处理。普通奥氏体锰钢的铸态组织主要是奥氏体＋(Fe，Mn)₃C，由于奥氏体锰钢中锰含量高，奥氏体晶粒往往比较粗大，且易形成柱状晶，用一般的固溶处理工艺处理时，主要发生 (Fe，Mn)₃C 的溶解和奥氏体晶粒的长大过程，因不发生重结晶转变而难以使奥氏体晶粒细化，甚至热处理后的晶粒比铸态时还要粗大。晶粒越细，奥氏体锰钢的强度、塑性和韧度越高，耐磨性越好。因此，国内外研制了一系列细晶热处理工艺，如表 2-5 中所示的 5～10 号工艺。根据相变理论，要细化锰钢的奥氏体晶粒，必须先在 500～700℃等温一定时间，使奥氏体转变成足够数量的珠光体组织，然后在高温升温和保温过程中使其发生重结晶转变，并严格控制高温等温温度和时间，奥氏体晶粒才能得到细化。然而，对于表 2-5 中所示的 8～10 号细晶热处理工艺的细化晶粒机制，在理论上让人难以理解。另外，关于锰钢奥氏体晶粒度与冲击韧性的关系目前尚有不同观点，有的研究结果表明，粗晶粒锰钢的冲击韧性比细晶粒锰钢高（表 2-6）；而有的研究结果表明，晶粒度对冲击韧性影响不大，且认为由于铸件在使用过程中表层组织严重变形细化，所以原始晶粒度对锰钢的耐磨性影响不大。

表 2-6 粗晶粒对奥氏体锰钢力学性能的影响

平板厚度/mm	晶粒类型	σ_b/MPa	δ/％	Ψ/％	艾氏冲击功/J
50	粗	635	37	35.7	137
	细	820	45.5	37.4	134

平板厚度/mm	晶粒类型	σ_b/MPa	δ/%	Ψ/%	艾氏冲击功/J
83	粗	620	25.0	34.5	133
	细	765	36.0	33.0	115
140	粗	545	22.5	25.6	115
	细	705	32.0	28.3	100
190	粗	455	18.0	25.1	77
	细	725	33.5	29.2	66

（2）弥散型热处理

对于含有 Ti、Nb、V、Mo、W、Cr 等碳化物形成元素的奥氏体锰钢，通过弥散热处理可获得奥氏体基体上弥散分布有碳化物质点的复相组织。根据碳化物质点来源的不同，可将获得弥散碳化物质点的方法分为两种：一是析出法（表 2-5 中的 15 号工艺），即先进行高温固溶处理，然后再通过时效处理的方法使碳化物弥散析出；二是残留法（表 2-5 中的 11 号、12～14 号、16 号工艺），即在弥散碳化物形成之前，先获得足够数量的珠光体组织，然后再进行较低温度的固溶处理，使强碳化物形成元素形成的碳化物和珠光体中的部分碳化物通过溶解球化后残留下来。弥散分布的第二相质点不但本身硬而耐磨，而且还可通过奥罗万机制（位错绕过机制）阻碍位错运动，提高基体的硬化程度，增强磨面抵抗磨料压入和切削的能力，从而提高锰钢的耐磨性。但由表 2-5 可见，已有的弥散型热处理工艺多为多次处理，存在操作复杂、耗能费时、难以推广等不足。因此，国外奥氏体锰钢的生产仍采用普通热处理，而认为弥散型热处理不可行。

2.2.4 表面预先硬化处理

γ 锰钢铸件在热处理后，其原始硬度很低。在使用过程中，其表面到加工硬化前磨损较快。如果在使用前，先使表面发生加工硬化，必然会降低钢的起始磨损速度。目前人们所研究的表面预先硬化方法主要有爆炸硬化法、机械硬化法（包括锤击、喷丸、滚压、多次冲击等）、表面脱碳硬化法、表面合金化硬化法和表面复合铸造硬化法等。

表面预先硬化处理，可明显提高钢的使用寿命。例如日本发明的表面脱碳硬化法，是将铸件在通常的氧化性气氛或含有 H_2 和 H_2O 的气氛中加热到 700℃ 以上的温度进行脱碳处理后快冷，使表层得到一定厚度的高硬度马氏体组织，可使起始磨损速度降低，使用寿命大幅度提高。爆炸硬化法可使耐磨寿命提高 50%，甚至 1 倍以上。但由于这些工艺方法操作复杂、需要专门的工具或设备、生产成本高等原因，目前在生产中应用较少。为了降低爆炸硬化法的成本，陈勇富等人发明了一种由 78％的硝酸和 22％的一硝基甲苯与二硝基甲苯的混合物组成的液体炸药，其成本仅为目前所使用的炸药的 1/20，用该种炸药处理的高锰钢锤头的耐磨寿命提高 60％。

2.2.5　高锰钢的粉末成型

由于高锰钢件很难加工，因此目前有粉末成型高锰钢件出现。这种工艺方法是将铁粉、锰铁粉和碳粉均匀混合配成含 Mn（13％～14％）、C（1.3％～1.4％）的粉料，经压制成型后在高温下烧结。烧结温度约为 1200℃，压缩功约为 200～250J/cm^2。用此法生产的高锰钢同普通铸造高锰钢相比，其优点是晶粒细、耐磨性好，工件尺寸精度高，表面粗糙度小，可以完全去掉加工工序；存在的不足是工件内部有少许孔隙（＜2％），因而力学性能差，且只能制作有专门用途的小件，因而使其应用受到限制。

2.3　磨损条件的研究

材料的耐磨性并不是材料固有的属性，具有系统特性，随磨损条件的不同而变化。由图 2-4 可见，在磨损冲击功较小的条件下，锰含量较低的锰钢耐磨性较好；而在磨损冲击功较大的条件下，锰含量较高的锰钢耐磨性较好。这是因为在磨损冲击功较小的条件下，锰含量较低的锰钢容易产生加工硬化，磨面硬度较高，切削和变形磨损量较少，因而耐磨性较好；在磨损冲击功较大的条件下，锰

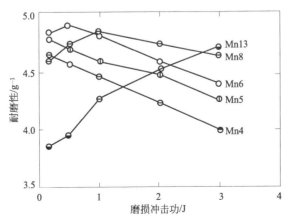

图 2-4　奥氏体锰钢的耐磨性与磨损冲击功的关系

含量较低的锰钢磨面会产生高度加工硬化，硬度很高，而脆性也很大，磨面金属容易产生脆性剥落，因而耐磨性较低。而 Mn13 钢由于磨面也能得到较充分的加工硬化，在获得较高磨面硬度的同时又有足够的韧度配合，因此其磨面抗显微切削和剥落的能力都较强，故耐磨性较高。

磨损冲击功对耐磨性的影响规律是生产应用中合理选材的重要依据。根据经验建立了用 MLD-10 型动载磨料磨损试验机测定材料耐磨性时的试验参数，其与实际工况的对应关系参考表 2-7。这对指导确定耐磨性的实验室评定方法及合理选材具有重要意义。

表 2-7　MLD-10 型试验机冲击功选择表

磨损类型		典型零件	Mn13 钢使用后磨面硬度	试验条件
冲击磨料磨损	高冲击功	圆锥破碎机破碎壁 锤式破碎机锤头 颚式破碎机齿板	≥500HV	$a=1.5\text{J}^*$ 硬磨料
	中冲击功	大型球磨机衬板 破碎机锤头 拖拉机履带板	≥350HV	$a=1.0\text{J}$ 中硬磨料
	低冲击功	中小型球磨机衬板 中速磨煤机磨球和衬板	≥200HV	$a=0.5\text{J}$ 软磨料

* 试样单位面积受到的冲击功。

2.4　变形行为的研究

2.4.1　加工硬化能力

不同类型钢的拉伸应力-应变之间的关系曲线如图 2-5 所示。比较看出，高锰钢的形变强化能力超过高铬镍奥氏体钢，较珠光体和铁素体钢的形变强化能力高得更多。

锰含量对奥氏体锰钢加工硬化指数的影响如图 2-6 所示。可见，在碳质量分数为 0.91%～1.10% 的条件下，随着锰含量的提高，奥氏体锰钢的加工硬化指数减小，即加工硬化能力降低。这主要是由奥氏体的稳定性提高所致。

2.4.2　加工硬化机制

关于高锰钢具有异常高的加工硬化能力的原因，自其问世以来就引起了人们

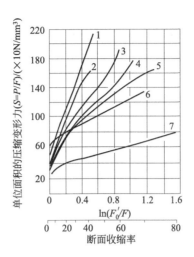

1—Mn (21%)，C (1.2%)；2—Mn (12%)，C (1.1%)；3—N (125%)，C (1%)；
4—Ni (25%)，C (0.3%)；5—Cr (25%)，N (124%)；6—Mn (2%)，C (0.18%)；7—α-Fe

图 2-5　不同钢形变强化能力的比较

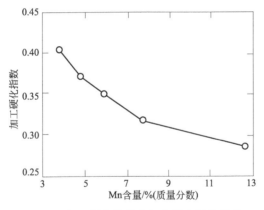

图 2-6　加工硬化指数和锰含量之间的关系

的高度重视，国内外学者对此开展了广泛的研究，曾先后提出了多种假说，现将几种主要假说简要介绍如下。

（1）形变诱发马氏体硬化说

形变诱发马氏体硬化说认为高锰钢的加工硬化是由形变诱发马氏体阻碍滑移而引起的。早在 1929 年，Hall. J. H 就报道了用 X 射线衍射分析证明高锰钢中存在马氏体转变的结果。同年 Krivobok. V. K 提出了马氏体是在奥氏体变形滑移带上形成的观点。Chevenard. P 对该钢进行了热磁方面的研究，支持了奥氏体在变形过程中发生 $\gamma \rightarrow \alpha'$ 转变的观点。

后来的许多研究者在高锰钢的加工硬化层中并未发现形变诱发马氏体的存在。Nicinof. D 在一个相当宽的温度范围内进行了研究，否定了高锰钢在变形过程中产生形变诱发马氏体相变的理论。其后 Goss. N. P 也发表了类似的观点。1987 年，吴望子等人用磁秤测量、X 射线衍射和透射电镜观察等试验方法证明，变形高锰钢中没有 ε 马氏体和 α' 马氏体形成。

Robert. W. N 对标准高锰钢采用拉伸、锤击和爆炸硬化三种变形方法，用 X 射线衍射和透射电镜观察研究加工硬化层显微组织结构的变化，结果发现只有在锤击变形条件下有极少量 ε 马氏体形成，而在其他变形条件下未发现 ε 和 α' 马氏体的形成。刘英杰对高锰钢磨料磨损的产物和磨损表层组织进行了结构和磁性分析，结果指出在适当的变形速率、足够的变形度和相应的变形温度条件下，高锰钢中 ε 马氏体和 α' 马氏体均能形成。而有文献认为高锰钢中形成少量的 α' 马氏体很可能是偏析和脱碳造成的。为了防止试样脱碳，有人采用真空热处理的方法处理试样，结果发现在轧制和压缩变形条件下均有形变诱发马氏体形成，且其数量随变形量的增加而增多。

可以说，关于高锰钢中能否产生形变诱发马氏体的问题是高锰钢研究中反复最多、争论最久的问题。

(2) 孪晶硬化说

孪晶硬化说认为高锰钢的加工硬化是孪晶造成的。高锰钢在变形过程中，当不全位错在 (111) 面上运动时会出现层错。例如在 {111} 晶面族中的某一个 (111) 面之后的每个晶面上均有一个 (a/6) [112] 的不全位错依次从晶体的一端运动到另一端时，则每个相邻晶面均在 [112] 方向上相对滑动了 a/6 的距离，这时原子堆垛出现了 ABCACBA⋯⋯的顺序，即在滑移面的两侧原子堆垛出现了镜面对称的状况，这就形成了面心立方晶体中的孪晶。高锰钢在形变过程中会不断地出现形变孪晶，大量形变孪晶的出现将金属基体切割成许多块，这种作用类似于晶粒的细化（碎化），使位错被封锁，并难以运动，从而使金属得到较高程度的强化。孪晶界面的存在使位错运动阻力增加，为使位错运动必须增加能量才能克服界面的障碍，也就是必须提高应力值才能有进一步的形变。孪晶愈细，则孪晶界面所构成的阻力越大；孪晶愈多，则切割晶体的作用愈显著，金属基体的强化程度也就愈高。

研究结果表明，高锰钢在 -50℃ 变形时有大量孪晶形成，但其加工硬化率很低；而在 225~300℃ 之间变形时几乎没有孪晶形成，其加工硬化率却很高；在室温到 -196℃ 之间变形时，孪晶数量与流变应力之间不存在简单的对应关系；温度的降低或应变速率的升高，都使孪晶数量增加，但加工硬化率受其影响很小。

（3）位错硬化说

高锰钢变形时，在未发生马氏体转变之前，或者因为奥氏体稳定性高而根本不发生相转变时，就只有奥氏体的加工硬化。此时奥氏体晶体内可产生大量的位错，高位错密度区阻碍位错运动而产生强化效应，从而导致高锰钢的加工硬化。

（4）动态应变时效硬化说

高锰钢变形时必然发生位错运动，溶质原子受到与位错周围歪扭的原子结构伴生的高应变能的影响，将被吸引到位错中心处形成"柯氏气团"，使系统的应变能降低并对位错的运动起钉扎作用，即产生动态应变时效强化效应，从而导致高锰钢的加工硬化。高锰钢的穆斯堡尔谱试验显示出其冷加工时碳原子的群集，且群集程度随时效而增大。有文献指出，高锰钢的动态应变时效强化效应是由于位错心部的 C-Mn 原子对的钉扎强化。因为位错钉扎是扩散控制，碳原子在位错心部的短程扩散激活能远低于碳在钢中的整体扩散激活能，因此 C 原子在位错心部更易于扩散和偏析。Mn 原子向该处偏析起到补充的钉扎作用，而且对邻近的八面体间隙位置所起的歪扭作用可进一步促进 C 原子向间隙位置偏析，在外部应力的作用下，C 原子的有序化便在位错心部发生。Mn 与 C 之间的强吸引力产生强烈钉扎位错的"点缺陷对"已为内耗峰的测定所证实。因此，高锰钢的动态应变时效强化效应不仅与碳含量有关，而且与 Mn 在奥氏体中的溶解量有关。

有研究者认为，动态应变时效实际上是屈服和时效交替进行，而应变时效是 C 原子在位错周围扩散的结果。因此保证 C 原子在位错应力场中的微扩散是必要的。但也有的研究者所进行的拉伸试验证明，温度在 −40℃ 以下时，C 原子在位错核心或基体点阵中运动困难，不产生明显的动态应变时效，不再能钉扎住位错的运动，高锰钢仍具有高的加工硬化率。

（5）复合硬化说

石德柯认为高锰钢的加工硬化主要来自两个方面：一是大量的孪晶变形使全位错和不全位错在共格的孪晶界上运动受阻；二是变形过程中产生大量 Mn-C 原子对或 MV—CC（锰-空位—碳-碳）原子团，造成强烈的不对称畸变。

有文献认为，高锰钢的加工硬化过程并没有马氏体相变发生，伴随着滑移变形，在滑移区内出现大量位错及其缠结，大量层错，少量孪晶，还有十分微细的碳化物颗粒弥散析出，这可能是其加工硬化的主要机制。

另外，还有位错-层错-ε 马氏体-α′ 马氏体、层错-孪晶-ε 马氏体、位错-层错-孪晶等多种综合作用硬化说。

由此可见，关于高锰钢的加工硬化机制目前仍众说纷纭，观点不一。不同的研究者都以自己的试验结果为依据得出了不同的结论，由于各自试验条件的不同，要比较其具体结果是困难的。

2.4.3　拉伸曲线的锯齿现象

由图 2-7 可见，奥氏体锰钢拉伸应力-应变曲线上出现明显的锯齿状特征。这一现象已为大量的拉伸变形试验所证实。但目前对这种现象出现的原因尚有不同的解释。

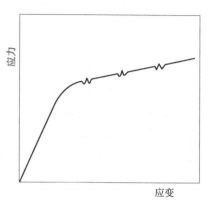

图 2-7　奥氏体锰钢应力-应变曲线示意图

Cottrell 通过对置换型固溶体的研究认为，材料变形过程中在某一极限应变条件下因变形产生大量空位，促使置换型金属原子沿着位错管道迁移，并在位错中心形成一种气氛。这种气氛能够钉扎位错并引起应力的上升，然后在外力的作用下位错脱钉，又引起应力的下降，这样便出现了应力-应变曲线上的锯齿现象，通常称为动态应变时效。

Brindley 等在不同温度下对存在间隙原子（C 或 N）的固溶体进行了拉伸试验，发现出现锯齿现象的试样内部位错密度异常高。所以他们认为锯齿现象是由于间隙式溶质原子 C 或 N 在变形过程中通过扩散在位错中心处产生动态应变时效，钉扎位错运动而引起流变应力的增加，然后又脱钉而产生的。

据此，Dastur 等认为高锰钢拉伸应力-应变曲线上出现的锯齿现象是由 C、N 原子在变形过程中产生动态应变时效而引起的。Tzmura 则进一步认为是由 C、N 原子在变形过程中产生动态应变时效沉淀，形成极细小的碳或氮的化合物所致。

有研究指出，高锰钢拉伸应力-应变曲线上出现的锯齿状特征是孪晶变形的反映。形变孪晶的形成大致可分为形核和扩展两个阶段，在一般情况下，孪晶形核所需要的应力远高于扩展所需要的应力，故当孪晶出现时就伴随着载荷的突然下降，在变形过程中孪晶不断地形成，就导致了锯齿形的拉伸曲线。

另外，还有人认为锰钢中形变诱发马氏体的产生也能使拉伸应力-应变曲线上出现锯齿现象。

由此可见，对奥氏体锰钢拉伸应力-应变曲线上出现锯齿现象的解释至今观点各异，因此仍有必要进行进一步的探讨。

2.5　形变诱发马氏体相变的研究

2.5.1　形变诱发马氏体现象

Fe-Mn-C 三元合金在不同温度、成分和形变条件下的相组成如图 2-8 所示。由此可见，标准成分的高锰钢无论在常温，还是在 −196℃，变形前后均无形变诱发马氏体出现。而碳或锰含量的降低均有利于 ε 或 α′ 马氏体的产生。

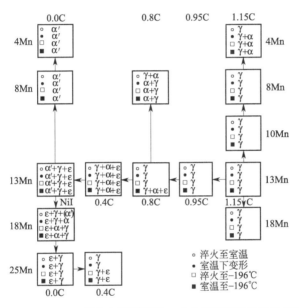

图 2-8　Fe-Mn-C 三元合金不同温度、成分和形变条件下的相组成

2.5.2　形变诱发马氏体相变热力学

具有介稳奥氏体组织的耐磨锰钢，其 M_s 点均在室温以下，从热力学角度看只有以大于临界冷却速度的冷却速度冷到 M_s 点以下温度时才能获得相变马氏体，而在 M_s 点以上温度不会得到相变马氏体。但在一定温度范围内，若对奥氏体施加应力或应变的作用，可以产生形变诱发马氏体。

图 2-9 表示了马氏体（α′）和奥氏体（γ）的化学自由能随温度的变化。T_0 表示 γ 和 α′ 处于两相平衡时的温度，M_s 是由于冷却而开始马氏体相变的温度，γ 和 α′ 之间的相变自由能差 $\Delta G_{M_s}^{\gamma \to \alpha'}$ 是马氏体相变开始所需的临界化学驱动力。

当应力被施加到处于 M_s 和 T_o 之间的 T 温度的奥氏体时，机械驱动力 U 因应力的作用被加到化学驱动力 $\Delta G_T^{\gamma \rightarrow \alpha'}$ 上，在临界应力作用下开始马氏体相变，这时总驱动力等于 $\Delta G_{M_s}^{\gamma \rightarrow \alpha'}$。图中 U'（$= \Delta G_{M_s} - \Delta G_T$）是 T 温度时应变诱发马氏体相变所需要的临界外加机械驱动力。

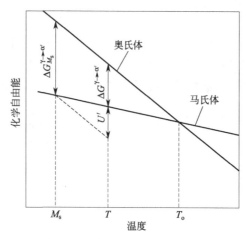

图 2-9　化学自由能与温度的关系

机械驱动力 U 是应力和相变马氏体片位向的函数，Patel 和 Cohen 把它表示为：

$$U = 0.5\sigma_1[\gamma_o \sin 2\theta \cos\alpha \pm \varepsilon_o(1 + \cos\theta)] \tag{2-1}$$

式中，σ_1 是外施应力的绝对值（拉伸或压缩）；γ_o 是在惯析面上沿相变剪切方向的剪切应变；ε_o 是相变应变的法向分量；θ 是外施应力轴与惯析面法线之间的夹角；α 是相变剪切方向与惯析面上外施应力的最大切应力方向之间的夹角，而正和负分别相当于拉伸和压缩。

在多晶奥氏体中，每个奥氏体晶粒的位向是无序分布的。当多晶奥氏体受应力作用而开始马氏体相变时，首先必须形成能得出式(2-1) 最大值的这种位向的马氏体片。在 $\alpha = 0$ 和 $\mathrm{d}u/\mathrm{d}\theta = 0$ 时，U 可达最大值，因而临界机械驱动力 U' 为：

$$U' = 0.5\sigma_1'[\gamma_o \sin 2\theta' \pm \varepsilon_o(1 + \cos 2\theta')] \tag{2-2}$$

式中，σ_1' 是马氏体相变开始时的临界外施应力。正如 Patel 和 Cohen 所指出的那样，若化学驱动力 $\Delta G^{\gamma \rightarrow \alpha'}$ 随 M_s 以上的温度增加而呈线性减小，则可以预料马氏体相变开始的临界外施应力应随温度增加而呈线性增加。

2.5.3　形变诱发马氏体相变动力学

形变诱发马氏体的转变量通常是作为应变 ε 的函数处理的。Angel、Ludwigson 和 Berger 提出：

$$V_{\alpha'} = A_1 \varepsilon^B V_\gamma \tag{2-3}$$

式中，$V_{\alpha'}$ 是马氏体的体积分数，V_γ 是奥氏体的体积分数，A_1 和 B 是常数。
Gerberich 等认为：

$$V_{\alpha'} = A_2 \varepsilon^{1/2} \tag{2-4}$$

式中，A_2 是常数。
而 Olsen 和 Cohen 则认为：

$$V_{\alpha'} = 1 - \exp\{-\beta[1 - \exp(-\alpha\varepsilon)]^n\} \tag{2-5}$$

式中，α，β 和 n 都是常数。
Guimaraes 提出：

$$V_{\alpha'} = 1 - \exp(1 - k\varepsilon^z) \tag{2-6}$$

式中，k，z 为常数。
I. Tamura 提出：

$$V_{\alpha'}(\sigma_1) = (1/\alpha_o) \int_0^{\alpha_o} (2/\pi) \int_0^{\pi/2} K(A/B)(\sigma_1/2)$$
$$[\gamma_o \sin2\theta \cos\alpha \pm \varepsilon_o(1 + \cos2\theta)] - U' \mathrm{d}\theta \mathrm{d}\alpha \tag{2-7}$$

式中，α_o，A 和 B 都是常数；K 是用来换算 $\mathrm{N/mm^3}$ 单位为 $\mathrm{J/mol}$ 单位的常数，其值为 7.08。用式(2-7)计算出的 Fe-32Mn-0.2C 钢的形变诱发马氏体量与试验实测的马氏体量相符。

2.5.4 形变诱发马氏体的形核

通常以马氏体形成前后母相是否发生屈服为划分标准，称经屈服后而形成的马氏体为形变诱发马氏体，未经屈服而形成的马氏体为应力协助马氏体。如图 2-10 所示，应力协助马氏体形核发生在 M_s-M_s^σ 的温度范围内，而应变诱发马氏体形核则发生在 M_s^σ-M_d 的温度范围内。奥氏体在 M_s^σ 温度以上（如图 2-10 中的 T_1 温度）变形时，在应力 σ_a 的作用下开始发生塑性变形，并应变硬化到 σ_b 时形变诱发马氏体相变即开始发生。σ_b 值比 M_s 和 M_s^σ 之间的应力-温度曲线外推所得到的 σ_c 低得多。马氏体形成所需要的这种临界外施应力的减小（$\sigma_c - \sigma_b$）是由奥氏体的塑性变形造成的。在形变诱发马氏体相变形核方面，关于奥氏体塑性变形的作用已有两种不同的观点，一个是 Olsen 和 Cohen 提出的形变诱发马氏体形核的观点，另一个是 Tamura 及其合作者提出的在晶界、孪晶界等障碍处，由奥氏体的塑性变形造成局部应力集中，而这种集中的应力等于图 2-10 中所示的 σ_c 值时，形变诱发马氏体便开始形核。

一般认为介稳奥氏体锰钢的形变诱发马氏体可以有两种转变途径（图 2-11）。

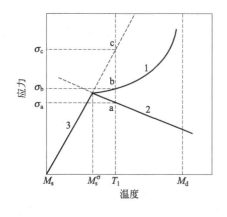

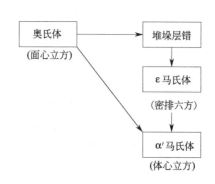

图 2-10 形变诱发马氏体相变应力与温度的关系　　图 2-11 奥氏体向马氏体的转变途径

第一种转变途径是首先在奥氏体中出现层错，继而发展成为 ε 马氏体，它是奥氏体向 α′马氏体转变的中间产物，最后再由 ε 马氏体转变成 α′马氏体。图 2-12 所示的随着应变量的增大，ε 马氏体减少而 α′马氏体增多的现象被认为是这一转变途径的间接证明。

第二种转变途径是奥氏体直接转变为 α′马氏体。Dash 和 Otte 认为介稳奥氏体钢中的 ε 马氏体的形成是由 γ→α′转变引起了周围奥氏体较大的变形，从而使扩展位错的宽度增加所致，α′的形成与 ε 无关。并且他们还利用对称理论来证明从一个低对称结构的 ε 马氏体（密排六方）转变为一个高对称结构的 α′马氏体，从理论上是不可能的。Yeshenke 的实验结果表明，ε 马氏体的含量随 α′马氏体含量的增加而增加，在没有 α′马氏体出现时不会有 ε 马氏体存在。所以他们认为 ε 马氏体是 α′马氏体形成的结果。

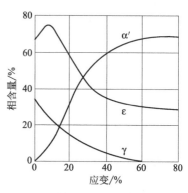

图 2-12 变形的 20％Mn 钢中随应变增加 γ、α′及 ε 三个相的数量变化

2.6　磨损机理的研究

奥氏体锰钢铸件多用于冲击磨料磨损工况，而冲击磨料磨损的机理一般有如

下几种类型。

（1）切削磨损

磨料在材料表面的作用力可分为法向力和切向力两个分力。法向力使磨料压入表面，切向力使磨料向前推进，当磨料的形状与方向适当时，磨料就像刀具一样，在磨面上进行切削而形成切屑，并在磨面上形成切痕。由于这种切削的宽度和深度都很小，因此切屑也很小，故称为微观切削磨损。

（2）变形磨损

变形磨损又称微观犁皱或微观压入，由于磨粒与表面材料接触时发生滚动、压入和犁皱，使表层材料发生变形，在表面形成密密麻麻的压坑和唇形的凸缘，或沟槽和其两边及前缘的凸脊，这些凸缘和凸脊被后来的磨粒压平、犁沟或压入变形，遭到再一次强烈的塑性变形。如此反复变形，导致材料加工硬化，使裂纹逐渐成核和扩展，最终造成材料从表面脱落。

（3）剥落磨损

剥落磨损又称微观脆断，是指脆性材料或材料内部有脆性相时，在磨料与材料相互作用的过程中，使材料以脆性断裂方式和微细颗粒状从零件表面流失，或者是硬脆性周围的材料被磨料选择性磨掉，使脆性相因失去支撑而剥落的磨损。

在磨料磨损过程中，往往有几种磨损机理同时存在，但以某一种机理为主，当材料内部的组织与性能以及磨损条件等因素变化时，磨损机理亦发生相应的变化。高锰钢挖掘机斗齿与岩石相互作用的方式是撞击和沿当面滑动，主要是以切削和犁沟变形磨损为主。颚式破碎机的高锰钢齿板，在硬磨料石英石磨损下的磨屑形成方式是：材料反复变形在亚表层和挤压突出材料根部形成微裂纹，导致材料脱落形成磨屑；磨料局部挤压，压碎材料并使破裂材料或挤压翻起材料随同碎磨料一起脱落形成磨屑；磨料在齿板表面相对滑动切削齿板形成磨屑。球磨机用高锰钢衬板主要以变形和犁沟磨损为主，高碳高锰钢衬板的主要磨损形式是凹坑和裂纹。水泥厂用高锰钢锤头主要以切削和变形磨损为主。而圆锥式破碎机衬板由于受到极大的挤压应力和切应力的反复综合作用，其亚表层形成低周疲劳裂纹，这是其磨损的重要方式。

根据上述实验结果，为了获得更好的使用效果和经济效益，所确定的变质系列耐磨锰钢的综合优选原则如表 2-7 所示。在低冲击功工况下，应选择锰含量较低的变质中锰钢；在中等冲击工况下，应选择锰含量较高的变质中锰钢；在高冲击工况下，应选择变质高锰钢。可以此作为"优化制材，合理选材，恰当用材"的基本依据。

2.7 本章小结

人们对奥氏体锰钢的研究工作虽然已有一百多年的历史，但其中有许多问题至今没有得到很好的解决，有些问题人们仍然观点各异，有些问题甚至没有被认识到，这不利于奥氏体锰钢的应用和发展。目前所存在的主要问题如下。

① 缺乏对奥氏体锰钢化学成分与耐磨性关系的系统研究，多停留在对标准成分高锰钢的合金化研究上，致使生产和应用中没有形成完整的耐磨奥氏体锰钢体系。

② 缺乏热处理工艺对奥氏体锰钢耐磨性影响的系统研究，尚未研制出经济有效的弥散处理工艺，并忽视某些热处理工艺的负面作用。

③ 虽已认识到变质是综合改善奥氏体锰钢组织、性能和耐磨性的有效方法，但尚未开发出奥氏体锰钢专用多功能高效复合变质剂，且对变质的物理冶金行为和变质条件下基础成分优化的系统研究较少。

④ 对组织与性能之间的关系认识不够全面，特别是奥氏体晶粒尺寸与冲击韧性、碳化物颗粒与耐磨性之间的关系及其原因未被揭示清楚。

⑤ 对奥氏体锰钢变形过程中的动态观察和研究未见报道。

⑥ 对奥氏体锰钢变形组织本质的定论缺乏足够的试验证据。

⑦ 关于奥氏体锰钢加工硬化机制的观点尚未统一。

⑧ 对奥氏体锰钢形变诱发马氏体动态相变过程的研究未见报道。

⑨ 以往的研究只注重奥氏体锰钢磨损表层组织结构和性能变化后的静态研究，而忽视了磨损过程中表层组织结构和性能动态变化的动态研究。对奥氏体锰钢动态磨损过程中磨损机理转化的研究未见报道，且多数文献对该类钢磨损机理的揭示不够全面。

⑩ 系统深入地揭示奥氏体锰钢耐磨原因的研究报道甚少。

⑪ 没有从电子层次上揭示奥氏体锰钢的一系列性能特点和试验现象。

本书通过对变质条件下奥氏体锰钢的化学成分、热处理工艺和工况条件等因素与其耐磨性之间关系的系统研究，实现材料化学成分、生产工艺和使用工况的综合优化；通过对优化后的变质系列锰钢组织结构、力学性能、动态变形行为和动态磨料磨损行为的研究，揭示其加工硬化和耐磨机理，为今后奥氏体锰钢的研究和应用提供理论依据。本书主要内容涵盖如下几点。

① 变质对锰钢组织结构、力学性能和成分分布的影响。

② 变质系列锰钢在动态拉伸、动态压缩和薄膜原位拉伸变形过程中组织结

构与性能的动态变化。

③ 变质系列锰钢的加工硬化机制。

④ 变质系列锰钢在不同条件下的磨料磨损行为。

⑤ 变质系列锰钢在动态磨损过程中组织结构和性能变化及其与耐磨性的关系。

⑥ 变质系列锰钢的耐磨机理与提高奥氏体锰钢耐磨性的途径和方法。

第3章　变质锰钢的组织与性能研究

耐磨锰钢的耐磨性与其成分、组织和性能密切相关。因此，研究变质和热处理对其化学成分、组织和性能的影响，有助于揭示其耐磨性变化的本质原因。本章将重点研究变质锰钢的铸态组织、热处理组织和力学性能等内容，以探讨变质处理和热处理工艺对锰钢组织结构和力学性能的影响规律。

3.1　实验材料与方法

3.1.1　实验材料

为了系统研究不同锰及碳含量对锰钢耐磨性的影响规律，选取了锰的质量分数为 4%～12%，碳的质量分数为 0.8%～2.0% 的锰钢为研究对象，并用 SR 变质剂进行变质处理，以综合改善锰钢的组织与性能。为了比较变质的效果，每种成分的锰钢均进行变质与不变质两种处理。实验材料的具体成分如表 3-1 所示，真空熔炼钢的成分见表 3-2。

表 3-1　实验用钢的化学成分　　　　单位：%（质量分数）

类别	钢种	C	Mn	Si	S	P	变质与否
Mn4	Mn4-0.8C(SR)	0.81	4.22				变质
	Mn4-1.2C(SR)	1.23	4.31	0.88	0.024	0.053	变质
	Mn4-1.6C(SR)	1.62	4.36	0.88	0.040	0.085	变质
	Mn4-2.0C(SR)	2.08	4.33				变质
Mn6	Mn6-0.8C(SR)	0.81	6.21				变质
	Mn6-0.8C	0.81	6.21				未变质
	Mn6-1.2C(SR)	1.21	6.07	1.12	0.026	0.058	变质
	Mn6-1.2C	1.21	6.07	1.12	0.052	0.088	未变质
	Mn6-1.6C(SR)	1.58	6.31				变质

类别	钢种	C	Mn	Si	S	P	变质与否
Mn6	Mn6-1.6C	1.58	6.31				未变质
	Mn6-2.0C(SR)	2.06	6.38				变质
	Mn6-2.0C	2.06	6.38				未变质
Mn8	Mn8-0.8C(SR)	0.82	8.09				变质
	Mn8-0.8C	0.82	8.09				未变质
	Mn8-1.2C(SR)	1.20	8.11	0.96	0.031	0.066	变质
	Mn8-1.2C	1.20	8.11	0.96	0.059	0.095	未变质
	Mn8-1.6C(SR)	1.59	8.20				变质
	Mn8-1.6C	1.59	8.20				未变质
	Mn8-2.0C(SR)	2.04	8.08				变质
	Mn8-2.0C	2.04	8.08				未变质
Mn10	Mn10-0.8C(SR)	0.80	9.98				变质
	Mn10-0.8C	0.80	9.98				未变质
	Mn10-1.2C(SR)	1.22	10.09	1.13	0.046	0.071	变质
	Mn10-1.2C	1.22	10.09	1.13	0.068	0.102	未变质
	Mn10-1.6C(SR)	1.61	10.47				变质
	Mn10-1.6C	1.61	10.47				未变质
	Mn10-2.0C(SR)	2.01	10.12				变质
	Mn10-2.0C	2.01	10.12				未变质
Mn12	Mn12-0.8C(SR)	0.84	11.86				变质
	Mn12-0.8C	0.84	11.86				未变质
	Mn12-1.2C(SR)	1.23	12.31	1.18	0.049	0.070	变质
	Mn12-1.2C	1.23	12.31	1.18	0.078	0.106	未变质
	Mn12-1.6C(SR)	1.60	12.08				变质
	Mn12-1.6C	1.60	12.08				未变质
	Mn12-2.0C(SR)	2.02	12.26				变质
	Mn12-2.0C	2.02	12.26				未变质

表 3-2 真空熔炼钢的化学成分 单位:% (质量分数)

钢种	C	Mn	Si	S	P	变质与否
Mn8-1.2C(SR)	1.21	8.81	0.24	0.039	0.015	变质
Mn12-1.2C	1.27	12.20	0.23	0.049	0.016	未变质

3.1.2 试样制备

实验材料用 150kg 的中频碱性感应电炉熔炼,采用不氧化法熔炼工艺。炉内先加入废钢和生铁,待熔清后再加入锰铁,1550~1600℃出钢,在包内加入 SR 变质剂进行变质处理,1450~1480℃浇注。拉伸试样采用砂型铸造,尺寸为标准梅花试块。冲磨和冲击试样采用失蜡熔模精密铸造,尺寸为 12mm×12mm×

150mm 的长方体试块。

采用 5kg 的 DZG-0.01 真空感应电炉熔炼 Mn8-1.2C（SR）和 Mn12-1.2C 钢两种试样。熔炼时先把工业纯铁及石墨电极块装入炉内，然后抽真空，并通入 500mmHg（0.067MPa）的高纯氩气保护，待炉料熔化后加入金属锰及 SR 变质剂，当温度达到 1550℃时出钢浇入铸铁模。试块尺寸为 ϕ（50～70）mm× 170mm 的圆柱体。

试样的热处理在高温箱式电炉中进行。为防止氧化脱碳，用牛皮纸将试样包裹数层后放入金属盒内，并在其表面覆盖约 30mm 厚的木炭保护。试样的热处理工艺如表 3-3 所示。

将热处理后的试样采用机械加工和线切割等方法加工成各种所需形状和尺寸的实验样品。

表 3-3　试样的热处理工艺

序号	工艺名称	工艺参数
1	固溶处理	1050℃×2h(WQ)
2	弥散处理	880℃×2h+550℃×3h+1050℃×2h(WQ)
3	低温时效	1050℃×2h(WQ)+300℃×4h(WQ)
4	中温时效	1050℃×2h(WQ)+350℃×4h(WQ)
5	高温时效	1050℃×2h(WQ)+400℃×4h(WQ)

注：WQ 指水淬处理。

3.1.3　力学性能实验

用德国产 RSA250 型电子万能实验机进行拉伸实验，拉伸速度为 10mm/ min，拉伸试样的有效尺寸为 ϕ10mm×60mm。

冲击实验在 JB-30G 型冲击实验机上进行，试样为 10mm×10mm×55mm 的 U 形缺口标准冲击试样。

硬度实验分别采用 HB-3000 型布氏硬度计、HR-150A 型洛氏硬度计和 TYPE-M 型显微硬度计测定试样不同情况时的硬度值。

3.1.4　热分析实验

将实验钢用线切割机切成 3mm×3mm×1.5mm 的样品，在日本岛津公司产 DTA-40M 差热分析仪上采用 DSC 热扫描法测定马氏体相变温度 M_s 点。实验中试样用液氮冷却，降温速度为 10℃/min，用外推矢点法，取奥氏体向马氏体转变引起的放热峰所对应的起始温度作为 M_s 点温度。

3.1.5　金相分析

用光学显微镜观察分析材料的铸态、热处理态的金相组织。用美国产 OM-NIMET2 型图像分析系统定量分析弥散处理试样中碳化物的数量和尺寸。金相分析试样采用 3% 的硝酸乙醇溶液腐蚀后，再用 15% 的盐酸乙醇溶液冲蚀。

3.1.6　电镜分析

用日本产 JX-840 型扫描电子显微镜观察分析试样的断口形貌、物相形貌，并结合 EDAX/9100 能谱仪对物相成分和合金元素分布进行分析。用日本产 H-800 透射电子显微镜观察分析试样的微观组织结构，并配合 EDAX9900 型 X 射线能谱仪对试样进行微区和物相成分分析，其加速电压为 200kV。

3.2　变质锰钢的铸态组织

3.2.1　铸态组织细化

相同碳含量〔1.2%（质量分数）〕而不同锰含量的锰钢变质前后的铸态 SEM 断口组织如图 3-1 所示。可见，未变质时的断口组织粗大，柱状晶严重〔图 3-1 (a)，(c)，(e)〕；而变质后的断口组织显著细化，柱状晶完全消除，整个试样断口从内到外均由细小均匀的等轴晶组成〔图 3-1 (b)，(d)，(f)〕。另外，随着锰含量的增加，未变质锰钢的断口组织急剧粗化，由较为粗大的等轴晶向粗大的柱状晶发展；而变质锰钢断口组织略有粗化的趋势，但一直保持为细小均匀的等轴晶〔图 3-1 (b)，(d)，(f)〕。

图 3-2 表明，不同碳含量的 Mn8 钢未变质时的断口组织亦较粗大，且随着碳含量的降低由等轴晶发展成为穿晶组织〔图 3-2 (a)，(c)，(e)〕；而变质后的断口组织均为细小均匀的等轴晶〔图 3-2 (b)，(d)，(f)〕。

上述结果表明，变质对不同碳或锰含量的锰钢的铸态断口组织均有显著的细化效果，同时也显示了碳或锰含量对锰钢铸态断口组织的影响规律。

3.2.2　碳化物粒化

不同锰含量（碳的质量分数均为 1.2%）和不同碳含量（锰的质量分数均为 8%）的锰钢变质前后的铸态显微组织分别如图 3-3 和图 3-4 所示。未变质时的碳化物主要

41

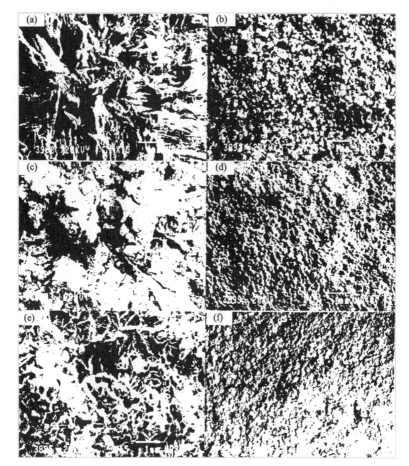

图 3-1　不同锰含量的钢变质前后的铸态 SEM 断口组织

(a) —Mn12-1.2C；(b) —Mn12-1.2C (SR)；(c) —Mn10-1.2C；

(d) —Mn10-1.2C (SR)；(e) —Mn8-1.2C；(f) —Mn8-1.2C (SR)

以连续的网状形态沿奥氏体晶界分布 [图 3-3 (a)，(c)，(e) 和图 3-4 (a)，(c)，(e)]；而变质后的碳化物则主要呈颗粒状较均匀地分布在奥氏体晶界和晶内 [图 3-3 (b)，(d)，(f) 和图 3-4 (b)，(d)，(f)]。这表明变质使碳化物发生了明显的粒化。

锰钢在变质后的凝固过程中，碳和变质剂中的元素钛在液相中的分配系数 K 分别为 0.28 和 0.48。由 Scheil 方程可以计算出锰钢在凝固过程中随液相减少时的剩余液相中 C 和 Ti 的含量 C'：

$$C' = C_o f^{K-1} \tag{3-1}$$

式中，C' 为剩余液相中溶质的含量，C_o 为钢中溶质的平均含量，f 为剩余液相的百分数，K 为溶质分配系数。由式(3-1)计算得到的锰钢在凝固不同时间时剩余液相中的 C、Ti 含量如表 3-4 所示。

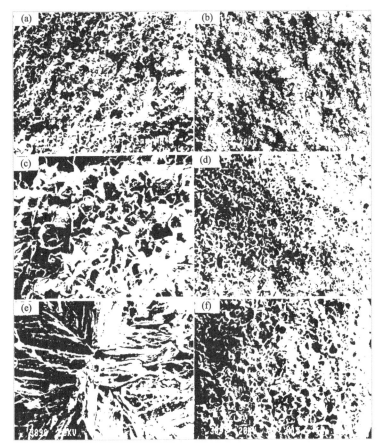

图 3-2 不同碳含量的 Mn8 钢变质前后的铸态 SEM 断口组织

(a)—Mn8-1.6C；(b)—Mn8-1.6C（SR）；(c)—Mn8-1.2C；

(d)—Mn8-1.2C（SR）；(e)—Mn8-0.8C；(f)—Mn8-0.8C（SR）

表 3-4 剩余液相中 C、Ti 含量

液相含量/%	C 含量/%（质量分数）	Ti 含量/%（质量分数）
100	0.80	0.10
50	1.32	0.14
30	1.90	0.19
10	4.20	0.33
5	6.92	0.47

由表 3-4 可见，随着凝固过程中液相含量的减少，剩余液相中 C 和 Ti 的含量逐渐增多。这说明 C 和 Ti 在奥氏体枝晶生长过程中偏析程度很大，因而这更有利于 C 和 Ti 形成 TiC 化合物。其反应式为：

$$[Ti]+[C]\longrightarrow TiC \tag{3-2}$$

式(3-2)反应的自由焓变化为：

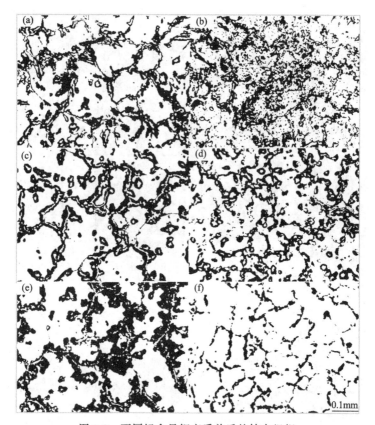

图 3-3　不同锰含量钢变质前后的铸态组织

(a) —Mn12-1.2C；(b) —Mn12-1.2C（SR）；(c) —Mn10-1.2C；

(d) —Mn10-1.2C（SR）；(e) —Mn8-1.2C；(f) —Mn8-1.2C（SR）

$$\Delta G = \Delta G^\circ + R_t \lg\left(\frac{a_{TiC}}{a_{[Ti]} a_{[C]}}\right) \tag{3-3}$$

式中，ΔG 为反应的自由焓变化；ΔG° 为标准自由焓变化。

$$\Delta G^\circ = -186870 + 13.24T(J/mol) \tag{3-4}$$

式中，a_{TiC}、$a_{[Ti]}$ 和 $a_{[C]}$ 分别为 TiC、钢液中 Ti 和 C 的活度，且 $a_{TiC}=1$。

TiC 形成反应的化学反应等温方程式中的活度系数 f_i 应用 Weagener 方程计算：

$$\lg f_i = e_i^i[\%_i] + e_i^j[\%_j] \tag{3-5}$$

式中，f_i 为溶质 i 的活度系数，e_i^i 与 e_i^j 为活度的相互作用系数。其中，在 1873K 时的 $e_C^{Ti}=-0.080$，$e_C^C=0.298$，$e_{Ti}^{Ti}=0.048$，$e_{Ti}^C=-0.300$。

为了近似计算不同温度下 TiC 形成的 ΔG 值，可采用关系式（3-6）进行计算：

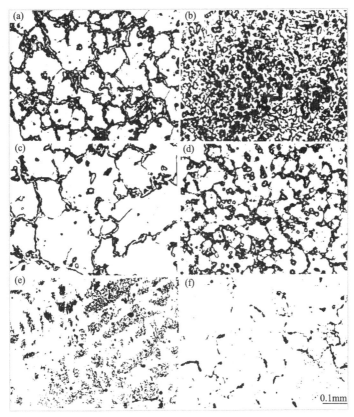

图 3-4　不同碳含量的 Mn8 钢变质前后的铸态组织

（a）—Mn8-1.6C；（b）—Mn8-1.6C（SR）；（c）—Mn8-1.2C；

（d）—Mn8-1.2C（SR）；（e）—Mn8-0.8C；（f）—Mn8-0.8C（SR）

$$\lg f_i(T_2) = \lg f_i(T_1) \cdot T_1 / T_2 \tag{3-6}$$

式中，$\lg f_i(T_1)$、$\lg f_i(T_2)$ 分别为 T_1 和 T_2 温度下元素 i 的活度系数的对数。

在不同 C、Ti 含量和不同温度下形成 TiC 反应的 ΔG 值由式(3-3)～式(3-6)计算，其结果如表 3-5 所示。

表 3-5　不同 Ti、C 含量和不同温度下 TiC 生成反应的 ΔG 值

单位：kJ/mol

C/%（质量分数）	Ti/%（质量分数）	1523K	1623K	1723K	1823K
2	0.10	−7.68	7.14	20.01	34.11
2	0.12	−9.32	4.66	17.89	30.38
2	0.14	−12.49	1.71	14.23	27.45
2	0.15	−13.21	−0.28	12.76	25.90

C/%（质量分数）	Ti/%（质量分数）	1523K	1623K	1723K	1823K
2	0.35	−23.71	−11.46	0.89	13.34
2	0.55	−29.20	−17.31	−5.32	6.85
4	0.10	−17.10	−6.25	6.05	21.77
4	0.15	−21.87	−9.52	2.97	15.53
4	0.35	−32.86	−20.69	−8.91	3.41
4	0.55	−37.98	−26.68	−15.42	−3.65
4	0.75	−41.55	−31.35	−19.72	−8.29

由表 3-4 和表 3-5 的计算结果可以看出，随着温度的降低，锰钢液的凝固过程不断进行，液相越来越少，剩余液相中 C 和 Ti 的含量逐渐增高，而 TiC 形成反应的 ΔG 值则不断降低，说明形成 TiC 的倾向增大。当 TiC 形成反应的热力学和动力学条件得到满足时，便在剩余液相中首先形成高熔点的 TiC（TiC 的熔点为 3150℃）。而随着凝固过程的进一步进行，当形成共晶渗碳体的热力学和动力学条件得到满足时，便在剩余液相中形成共晶渗碳体，这时 TiC 可作为共晶渗碳体的异质核心，提高其形核率，并使其发生粒化。这一点在本实验中得到证明。图 3-5 是 Mn8-1.2C（SR）钢中的碳化物颗粒在明场和暗场下的 TEM 像，可见在碳化物大颗粒的内部及其边缘处分布有细小的白色粒状相。透射电镜能谱微区成分分析结果表明，图 3-5(a) 中 A 点处 Ti 的质量分数为 3.39%，B 点处 Ti 的质量分数为 0.31%，C 点处无 Ti 存在。

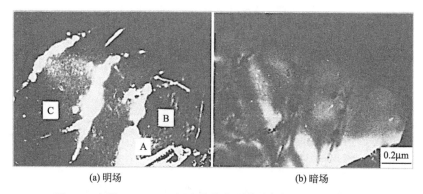

(a) 明场　　　　　　　　　　　　　　(b) 暗场

图 3-5　变质 Mn8-1.2C 钢中碳化物颗粒的明场、暗场 TEM 像

另外，奥氏体锰钢在凝固结束后，随着温度的降低，还将从奥氏体中析出二次渗碳体，而先形成的粒状共晶渗碳体可作为二次渗碳体的析出核心，从而减少了连续网状碳化物的形成。

3.2.3　夹杂物球化

由图 3-6 可见，Mn8-1.2C 钢采用普通熔炼和未变质时夹杂物粗细不一，分布不匀，且呈网状沿晶界分布现象十分严重 ［图 3-6(a)］；而采用普通熔炼和变质后夹杂物形状变圆，尺寸变小，分布变匀，数量变少 ［图 3-6(b)］；采用真空熔炼和变质后夹杂物颗粒尺寸进一步变小，分布更加均匀，数量大幅减少 ［图 3-6(c)］。采用扫描电镜能谱对夹杂物进行成分分析的结果表明，Mn8-1.2C 钢中的夹杂物中含有大量的 Fe、P、Mn 和少量的 Cr、S、Si 等合金元素 ［图 3-7(a)］；而 Mn8-1.2C（SR）钢中的夹杂物中含有大量的 S、Fe、Mn、Ti 和少量的 Ce、Cr 等合金元素 ［图 3-7(b)］。这表明变质使夹杂物的成分发生了变化。

(a) Mn8-1.2C(普通熔炼-未变质)　　(b) Mn8-1.2C(SR)(普通熔炼-变质)　　(c) Mn8-1.2C(SR)(真空熔炼-变质)

图 3-6　Mn8-1.2C 钢变质前后的夹杂物形态和分布

由表 3-6 中各种硫化物的标准生成自由焓及其熔点的数据可见，稀土硫化物和 TiS 在炼钢温度 1600℃时即可形成，而 FeS 和 MnS 在炼钢温度下不能形成（ΔG° 为正值）。热力学计算表明，当温度低于 1450℃时其 ΔG° 才能转变为负值。因此，FeS 和 MnS 是在钢液凝固过程中形成的。

钢中夹杂物的形态可根据先母体金属析出和后母体金属析出而区别。前者长大时没有阻碍，容易得到自形晶体，常呈有规则的结晶外形；而后者因长大时受到已形成固相的阻碍而形状不定，常沿晶界或枝晶轴间分布，或成为球状，或成为网状，或成为共晶体、共析体等。如钢中的 FeS、MnS、Fe-S 共晶、Fe-P 共晶，FeO、MnO 等，由于其熔点较低，后母体金属析出，常呈片状或网状沿晶界分布。而变质时 Ce 和 Ti 等元素进入钢液后可与氧形成氧化物，与硫形成硫化物，由于它们的熔点较高 （表 3-6），能先母体金属析出，一部分进入钢渣，使钢中的夹杂物含量减少，从而起到净化作用；另一部分残留在钢中，保持自形晶体的特征，并可对低熔点的 FeS、MnS、（Fe，Mn）S 夹杂物起到变质作用，从而使其形态和分布发生改变。

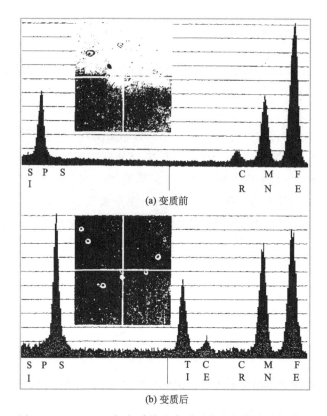

(a) 变质前

(b) 变质后

图 3-7　Mn8-1.2C 钢变质前和变质后的夹杂物成分能谱图

表 3-6　各种硫化物在 1600℃下的标准生成自由焓及其熔点

反应式	$\Delta G^\circ/(kJ/mol)$	熔点/℃
$2[Ce]+2[O]+[S]\!=\!\!=\!Ce_2O_2S(s)$	−295.9	1950
$2[Ce]+3[S]\!=\!\!=\!Ce_2S_3(s)$	−203.8	1890
$3[Ce]+4[S]\!=\!\!=\!Ce_3S_4(s)$	−192.9	2050
$[Ce]+[S]\!=\!\!=\!CeS(s)$	−164.9	2099
$[Ti]+[S]\!=\!\!=\!TiS$	−115.7	2000～2100
$[Mn]+[S]\!=\!\!=\!MnS(l)$	18.1	1620
$[Fe]+[S]\!=\!\!=\!FeS$	30.4	1193

　　由此可见，奥氏体锰钢中夹杂物的球化是通过 Ce 和 Ti 等变质元素对夹杂物的变性作用来实现的。关于稀土和 Ti 对钢中硫化物形态和分布的有效控制作用已为许多研究结果所证明。

　　另外，真空熔炼钢由于采用较纯的金属作为原料，且熔炼过程中各种元素的氧化烧损都很少，因而同普通熔炼法相比，钢中的夹杂物数量明显减少，尺寸亦显著变小［图 3-6(c)］。这表明真空熔炼可获得更为纯净的金属组织。

3.2.4　奥氏体晶粒细化

由图 3-3 和图 3-4 可见，变质使不同碳或锰含量的锰钢奥氏体晶粒显著细化。另外，变质和未变质锰钢的奥氏体晶粒均随碳含量的提高而细化。在未变质锰钢 Mn8-0.8C 中，由于碳含量较低，奥氏体稳定性差，再加上枝晶偏析严重，在枝晶的主干中心贫碳处形成了较多的马氏体组织［图 3-4(e)］；而变质后由于晶粒细化，偏析减小，无马氏体形成［图 3-4(f)］。上述规律与宏观断口组织的变化相吻合。关于变质细化锰钢奥氏体晶粒的原因主要有下述两个方面。

（1）溶质偏析的作用

这里通过对湿型铸造的变质和未变质 Mn8-1.2C 钢试样中气孔周围的奥氏体晶粒立体形貌的观察发现，未变质锰钢中的奥氏体晶粒呈粗大的柱状枝晶形貌，一次晶轴粗壮发达，二次晶轴较为粗短，缩颈现象较轻［图 3-8(a)］；而变质锰钢中的奥氏体晶粒则呈较发达的树枝晶形貌，缩颈现象十分严重，枝晶的脖颈细而脆弱［图 3-8(b)］，这就为枝晶的游离和增殖创造了极为有利的条件。

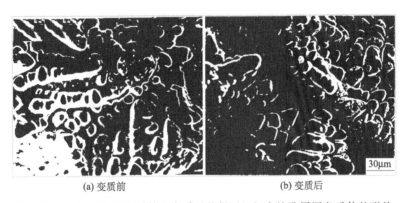

（a）变质前　　　　　　　　　　　　（b）变质后

图 3-8　Mn8-1.2C 钢变质前和变质后的凝固组织中缩孔周围奥氏体的形貌

出现上述现象的原因可用图 3-9 予以说明：固溶体合金凝固时由于存在成分过冷，其晶粒一般呈树枝状长大。在长大的枝晶周围的液体金属中由于偏析会形成一个溶质富集层，分枝必须要通过整个富集层才能进行生长，但由于其四周溶质浓度很高，且含有较多的低熔点组元，抑制着它的发展。当枝晶一旦穿过溶质富集层深入到溶质容易扩散和偏析程度小的富集层以外时，晶体的长大速度增大，枝晶尺寸变粗，并进一步加剧了枝晶根部溶质的富集和低熔点组元的增多，使枝晶根部不但不能长粗，反而会熔细，于是就形成了具有"脖颈"的枝晶。由于自然对流而引起的温度波动会使枝晶从"脖颈"处熔断并游离出去。又由于型内液体中不同区域的温度和成分不同，游离的晶体移动到低温区或溶质浓度低的区域时将会长大，而移动到高温区或溶质浓度高的区域时将会熔化。这种晶体的长大或熔化，对那些由于溶质偏析而易于产生"脖颈"的晶体来说将发生晶体的增殖。由增殖而产生的枝晶碎块可作为现成的晶核，提高结晶时的形核率。另外，偏析能力大的元素富集在长大晶粒的表面上会阻碍固液两相间的原子交换，因而能降低晶粒的长大速度。形核率的提高和长大速度的降低均有利于晶粒的细化。

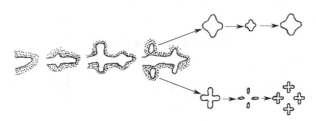

图 3-9　奥氏体的形核、长大、熔断和增殖示意图

对于溶质元素对晶粒细化作用的大小可以用偏析系数 $|1-K_0|$ 的大小来衡量（K_0 为溶质的平衡分配系数）。偏析系数愈大的元素在凝固时引起的偏析愈大，它们对晶粒的细化作用也愈大。钢中碳的偏析系数为 $0.71\sim0.87$，锰的偏析系数为 $0.15\sim0.20$，Ce 的偏析系数为 $0.956\sim0.925$。因此，Ce 对奥氏体晶粒的细化作用最大，碳的细化作用次之。这一规律在图 3-1～图 3-4 的实验结果中均得到了印证。

采用定向凝固方法研究稀土元素 Ce 对铸造高锰钢结晶形貌的影响时发现，当 Ce 的残留量超过 0.33%（质量分数）后会在定向凝固的胞晶前沿富集，破坏胞晶的稳定性，使之向枝晶发展，并造成枝晶的熔断和游离，同时使柱状晶区缩小，等轴晶区扩大。因此，在变质对锰钢奥氏体晶粒的细化作用中 Ce 具有重要贡献。

（2）异质形核的作用

由图 3-3 和图 3-4 可见，变质系列锰钢铸态组织的奥氏体晶粒内部出现了许多碳化物颗粒。如前所述，变质元素 Ti 可与钢液中的 C 形成 TiC。TiC 可以成为奥氏体的结晶核心而起到异质形核的作用。因为 TiC 是面心立方结构，晶格常数（a）为 0.431nm，含 C-Mn 的奥氏体也是面心立方结构，晶格常数（a）为 0.377nm，它们的晶体结构相同，晶格点阵间的失配度 $\Delta a/a$ 为 12.5%；由于 Ti 是以粉末形态加入钢液，所以容易保证其分布均匀；TiC 是液体金属中的新生相，其熔点高达 3150℃，所以不易被污染和熔化；C 和 Ce 在锰钢奥氏体中的偏析系数很大，且在实际生产条件下液体的凝固速度较大，所以凝固过程中容易出现成分过冷。因此，TiC 满足作为奥氏体结晶核心的条件，它可以成为奥氏体有效的结晶核心，能显著地细化奥氏体晶粒。此外，钢液中所形成的高熔点稀土化合物也可起到异质形核的作用，使奥氏体晶粒得到细化。

3.2.5　晶内成分均匀化

由图 3-10 所示的 Mn8-1.2C 钢变质前后锰分布的扫描能谱分析结果可见，未变质时奥氏体晶内锰的偏析严重，晶粒中心处锰含量较低，而晶界处锰含量较高，且锰的分布波动很大；而变质后奥氏体晶内锰的分布趋于均匀，且波动很小。

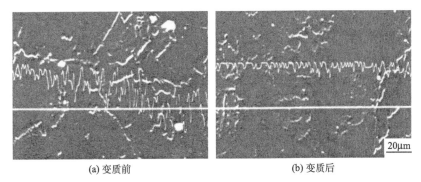

(a) 变质前　　　　　　　　　　　(b) 变质后

图 3-10　Mn8-1.2C 钢变质前和变质后的 Mn 分布能谱图

在 Mn8-1.2C 钢变质前后的试样中心处分别选取一个奥氏体晶粒，用扫描能谱从晶粒中心向晶界方向定量考察锰的分布，并将考察点距晶粒中心的距离换算成其所占晶粒半径的比例 f_s，所得结果如图 3-11 所示。可见，变质使锰的晶内偏析明显减小，其表现形式是提高晶粒心部锰含量的同时也降低晶界处的锰含量。这是因为变质可以提高钢液凝固时的形核率，加速金属的凝固，显著细化奥氏体晶粒。晶粒细化不仅能有效地减轻晶内偏析，而且有助于改善区域偏析。

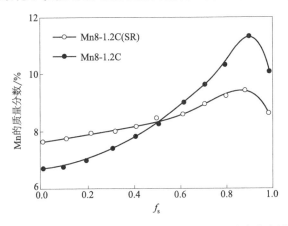

图 3-11　Mn8-1.2C 钢变质前后奥氏体晶内 Mn 分布的实测值

另外，Mn8-1.2C 钢变质前后的最大锰含量不是在奥氏体晶界处，而是在奥氏体晶粒的次表面处。这一现象可以用图 3-12 予以说明。在钢液凝固过程中，固-液界面前沿存在锰的堆积［图 3-12(a)］，随着凝固过程不断进行，剩余液体的温度梯度逐渐减小，当其温度梯度由 G_1 变化到 G_2 时［图 3-12(b)］，所有晶间剩余液体均达到了其凝固所需要的过冷度，这时凝固虽然仍是原晶粒的长大，但速度较快，几乎是所有剩余液体同时凝固。因而在固-液界面前沿堆积的锰溶质尚未来得及从堆积层中扩散到晶界处，凝固已结束，于是在晶界的次表面处形成了溶质的富集峰［图 3-12(c)］。

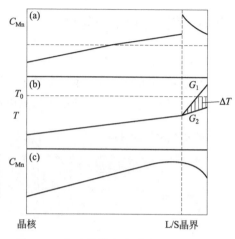

图 3-12　奥氏体晶内溶质分布形成示意图

3.3　变质锰钢的热处理组织

相同碳含量［1.2%（质量分数）］而不同锰含量的变质和未变质系列锰钢的热处理组织如图 3-13 所示。未变质的系列锰钢经水韧处理后均为单一的奥氏体组织，奥氏体晶粒粗大，晶界因杂质较多而较粗黑［图 3-13(a)，(c)，(e)］；而变质系列锰钢经弥散处理后均为奥氏体基体上弥散分布有颗粒状碳化物的复相组织，随锰含量的降低，碳化物颗粒有减少和细化的趋势［图 3-13(b)，(d)，(f)］，且奥氏体晶界不明显。

为了探讨变质锰钢弥散处理组织的形成机制，现以 Mn8-1.2C（SR）钢为例加以讨论。由图 3-14 所示的弥散处理工艺曲线可见，整个热处理过程包括中温 860～900℃、低温 550～600℃和高温 1000～1100℃三个保温阶段。在860～900℃保温时，铸态组织中的网状碳化物熔断，块状碳化物溶解球化，并为低温阶段 $\gamma \rightarrow P$ 的相变和碳化物的析出长大提供球状核心，从而避免了降温和低温保温过程中连续网状碳化物的形成［图 3-15(a)，(b)，(c)］。因此，可称该保温阶段为碳化物的预球化阶段。在 550～600℃保温时，首先沿奥氏体晶界发生 $\gamma \rightarrow P$ 相变，在奥氏体晶界附近形成了网络状珠光体；而后随着保温时间的延长，珠光体量不断增多，奥氏体量不断减少［图 3-15(a)，(b)，

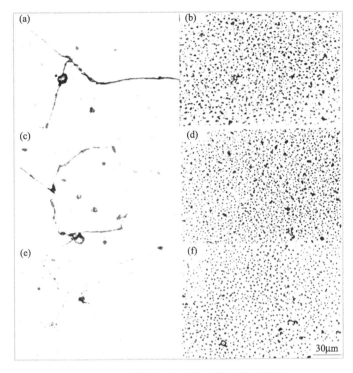

图 3-13　系列锰钢变质前后的热处理组织

(a) —Mn12-1.2C；(b) —Mn12-1.2C (SR)；(c) —Mn10-1.2C；

(d) —Mn10-1.2C (SR)；(e) —Mn8-1.2C；(f) —Mn8-1.2C (SR)

(c)]，在此阶段中不但没有形成连续的网状碳化物，而且仍存在着碳化物的粒化过程，使组织组成物珠光体中形成了大量颗粒状碳化物 [图 3-15(c)]，这显然与第一阶段碳化物的预球化有关。从 550～600℃ 的 c 点升温至 1000～1100℃ 的过程中发生了 P→γ 转变，奥氏体通过重结晶而得到细化；在 1000～1100℃ 的保温过程中，原铸态组织中的碳化物和珠光体中的碳化物通过进一步溶解和球化而被残留，最后形成了细晶粒奥氏体基体中弥散分布有颗粒状碳化物的复相组织 [图 3-15(d)]。

对弥散处理组织中颗粒状碳化物的数量、尺寸和分布，可通过适当调整钢的成分和弥散处理的工艺参数而予以控制。为了得到弥散分布的碳化物颗粒，一般应在钢中加入一定量的中强或强碳化物形成元素，且碳含量也要进行相应的调整。另外，调整弥散处理工艺参数的目标应重点放在控制珠光体的弥散度及其数量和最终碳化物的残留温度上。一般情况下，钢中碳化物形成元素与碳的含量是控制碳化物数量的主要因素；珠光体的弥散度及其数量和最终残留温度是控制碳化物颗粒尺寸和分布的主要因素。如不同碳含量的 Mn8（SR）钢经上述弥散处

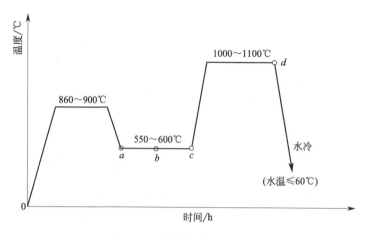

图 3-14　弥散处理工艺曲线

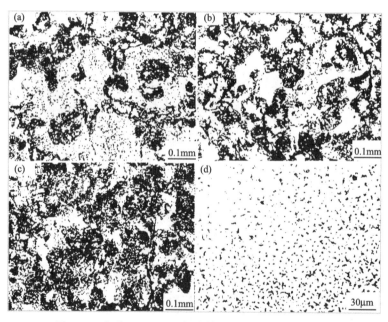

图 3-15　变质 Mn8-1.2C 钢弥散处理过程中的组织变化

理工艺处理后的碳化物定量分析结果表明，随着碳含量的提高，碳化物颗粒的数量增多、尺寸增大、间距减小（表 3-7）。

　　上述弥散处理工艺不仅克服了已有弥散处理工艺存在的操作次数多、处理周期长、弥散效果差、难以推广应用等不足，而且可同时获得弥散、细晶和固溶等多种强化效果，是一种经济高效的新型弥散处理工艺。

表 3-7　碳化物定量分析结果 *

钢　　种	碳化物数量 /area%	碳化物尺寸 /($\times 10^{-3}$ mm)	碳化物颗粒间距 /($\times 10^{-3}$ mm)
Mn8-0.8C(SR)	3.0212	1.2018	11.2531
Mn8-1.2C(SR)	6.9418	1.5317	7.0586
Mn8-1.6C(SR)	10.7913	1.9131	5.1632

* 每个实验结果均为 6 个区域的测试平均值。

3.4　变质锰钢的力学性能

3.4.1　变质对锰钢力学性能的影响

表 3-8 所示的力学性能实验结果表明，变质使相同成分锰钢的屈服强度、抗拉强度、冲击韧性、塑性和硬度等各项力学性能指标均得到了综合改善。变质使锰钢奥氏体中形成的弥散分布的碳化物质点可有效地阻滞滑移系的启动，从而使屈服强度大幅度提高。弥散分布的碳化物质点还可强烈地阻碍位错运动，促进位错的增殖，从而使抗拉强度大幅度提高。变质和弥散处理使锰钢的奥氏体晶粒显著细化（图 3-1～图 3-4），这不仅可使晶界数量增多、位错运动阻力增大，提高抗拉强度；而且可使变形的均匀性提高、应力集中减小，延迟裂纹的产生，并使裂纹扩展的阻力增大，因而使冲击韧性和塑性同时得到提高；另外，夹杂物的球化、细化、分布均匀化和数量的减少（图 3-6），也有利于抗拉强度、冲击韧性和塑性的提高；硬度的提高则主要是变质和弥散处理导致的细晶强化和质点强化综合作用的结果。

表 3-8　变质锰钢的力学性能

类别	钢种	σ_s/MPa	σ_b/MPa	δ_5/%	α_k/(J/cm^2)	硬度(HB)
Mn6	Mn6-0.8C(SR)	369	408	7.5	30	323
	Mn6-1.2C(SR)	380	484	6.7	28	257
	Mn6-1.6C(SR)	387	408	6.3	15	260
	Mn6-1.2C	375	459	9.3	12	175
Mn8	Mn8-0.8C(SR)	395	545	16.3	69	195
	Mn8-1.2C(SR)	408	561	15.0	55	239
	Mn8-1.6C(SR)	437	586	14.3	38	265
	Mn8-1.2C	357	494	13.0	44	169
Mn10	Mn10-0.8C(SR)	396	596	24.2	135	192
	Mn10-1.2C(SR)	420	708	33.0	123	217
	Mn10-1.6C(SR)	430	657	20.7	57	245
	Mn10-1.2C	395	627	19.7	89	167

类别	钢种	σ_s/MPa	σ_b/MPa	δ_5/%	α_k/(J/cm^2)	硬度(HB)
Mn12	Mn12-0.8C(SR)	365	713	51.7	168	178
	Mn12-1.2C(SR)	471	739	36.7	140	201
	Mn12-1.6C(SR)	516	698	17.1	80	219
	Mn12-1.2C	420	662	26.7	92	185

由表 3-8 还可看出，在相同锰含量的条件下，随碳含量的提高变质系列锰钢的屈服强度和硬度提高，而塑性和冲击韧性下降。这是因为碳含量提高时，奥氏体中的碳化物质点（表 3-7）和 Fe-Mn-C 原子团的数量增多，这一方面使滑移系启动的临界分切应力增大，从而导致屈服强度和硬度的提高；另一方面还使位错增殖加剧，应力集中增大，裂纹敏感性增加，从而导致塑性和冲击韧性的降低。这一点可由图 3-16 所示的变质 Mn8 钢随碳含量的提高，其冲击试样断口性质由韧性向脆性转化的实验结果得到证明。抗拉强度多以碳的质量分数为 1.2% 的变质锰钢最高，这是因为碳含量过低时，碳化物质点和 Fe-Mn-C 原子团数量较少，因而由此引起的强化作用较小；而碳含量过高时，又使碳化物质点和 Fe-Mn-C 原子团数量过多，易引起钢的脆化，在未达到较大的变形和较高的应力水平时即发生断裂，从而使钢的抗拉强度降低。

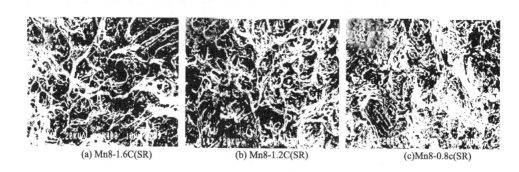

(a) Mn8-1.6C(SR)　　　　(b) Mn8-1.2C(SR)　　　　(c)Mn8-0.8c(SR)

图 3-16　不同碳含量的变质 Mn8 钢冲击试样断口形貌

在相同碳含量的条件下，随锰含量的增加，变质系列锰钢的屈服强度、抗拉强度、塑性和冲击韧性值提高，而硬度则降低。这是因为锰含量提高时，奥氏体中的碳化物数量（图 3-13）和 Fe-Mn-C 原子团的数量增多，这将引起钢的强化。与此同时，钢的马氏体相变点 M_s 降低（表 3-9），奥氏体的稳定性增加，形变诱发马氏体量减少，这会在提高钢的冲击韧性和塑性的同时使硬度降低。

表 3-9　变质系列锰钢的 M_s 温度（℃）

钢　种	M_s	钢　种	M_s	钢　种	M_s
Mn12-1.2C	≪−196	Mn8-1.6C(SR)	−82	Mn6-1.6C(SR)	−48
Mn10-1.2C(SR)	<−196	Mn8-1.2C(SR)	−57	Mn6-1.2C(SR)	−36
Mn10-0.8C(SR)	−89	Mn8-0.8C(SR)	−33	Mn6-0.8C(SR)	−14

3.4.2　热处理对变质锰钢力学性能的影响

不同热处理工艺对真空熔炼奥氏体锰钢力学性能的影响如表 3-10 所示。同一钢种的力学性能随热处理工艺的不同而变化。就冲击韧性而言，以弥散处理时最高，以时效处理时最低，固溶处理时居中；就硬度而言，以时效处理时最高，固溶处理时最低，弥散处理时居中。这是因为本实验所研制的弥散处理工艺属于碳化物"残留型"的处理工艺，它不仅能在奥氏体基体中获得弥散分布的碳化物质点，而且能有效地细化奥氏体晶粒（图 3-14～图 3-15），因而在获得质点强化效果的同时，还能够得到较高的冲击韧性。而时效处理属于碳化物"析出型"的处理工艺，它既不能细化奥氏体晶粒，又难以保证碳化物的均匀析出。由图 3-17(a) 可见，在 300℃时效处理时即在奥氏体晶界处析出了较多的针状碳化物，其冲击试样断口呈现出明显的脆断特征 [图 3-17(b)]；400℃时效处理时在奥氏体晶界和晶内均析出大量的针状碳化物 [图 3-17(c)]，其冲击试样断口的脆化倾向加剧，并表现出明显的沿奥氏体和碳化物界面解理断裂的特征 [图 3-17(d)]，从而使冲击韧性急剧下降，硬度得以提高。有研究指出，当时效温度超过 125℃时，在奥氏体中便开始有碳化物析出，随着时效温度的提高，碳化物析出量增加，钢的性能变脆，塑性和冲击韧性下降，硬度增高。其规律与本实验结果相吻合。

表 3-10　热处理对真空熔炼锰钢力学性能的影响

钢　种	冲击韧性 a_k/(J/cm^2)					硬度(HB)				
	固溶处理	弥散处理	时效处理			固溶处理	弥散处理	时效处理		
			300℃	350℃	400℃			300℃	350℃	400℃
Mn8-0.8C(SR)	193	246	154	118	49	201	209	225	234	246
Mn8-1.2C(SR)	174	188	87	19	8	216	229	241	253	310
Mn8-1.6C(SR)	33	60	23	12	7	240	245	281	267	347
Mn8-1.2C	160	200	96	39	12	213	222	246	257	268
Mn12-1.2C	215	249	189	147	69	216	220	250	269	273

另外，由表 3-10 还可看出，在相同热处理工艺条件下，碳含量提高时，变

图 3-17　Mn8-1.2C 钢分别经 300℃、400℃
时效处理后的显微组织和冲击试样断口形貌
(a)，(b)—300℃；(c)，(d)—400℃

质锰钢的冲击韧性降低，而硬度提高；变质对锰钢的冲击韧性影响较小，在弥散和时效处理条件下，变质反而使锰钢的冲击韧性有所降低。这是因为在真空熔炼条件下，锰钢中的杂质和夹杂物数量显著减少（图 3-6），变质对钢水的净化作用和对夹杂物形态的改善作用难以发挥，且由于在纯净的奥氏体基体中出现了碳化物颗粒，因而钢的脆性有所增加。

特别值得指出的是，在时效处理条件下，所实验钢种以高锰钢的冲击韧性最高，这是因为高锰钢中锰含量高，所形成的 Fe-Mn-C 原子团的数量多，使碳化物析出困难、奥氏体的稳定性得到了提高。

比较表 3-8 和表 3-10 的实验结果看出，在相同的热处理工艺条件下，真空熔炼的奥氏体锰钢其冲击韧性值显著高于普通熔炼。这表明杂质和夹杂物数量对锰钢的冲击韧性影响巨大，从而证明提高冶金质量，减少杂质含量，是实现金属材料韧化的有效途径。

3.5　本章小结

① 变质使耐磨锰钢的铸态组织显著细化，柱状晶完全消除，均为细小等轴

晶；夹杂物沿晶界分布现象消失，夹杂物形状变圆、尺寸变小、数量变少、分布变匀；碳化物得到粒化，晶界网状碳化物数量显著减少；晶内成分偏析显著减轻，锰的分布趋于均匀。

② 热力学计算和电镜观察证明，变质对奥氏体晶粒、夹杂物和碳化物的细化机理主要是：Ti、Ce 等变质元素与钢液中的 C、S 等元素形成了高熔点的化合物，促进了异质形核；Ce 等变质元素促进了枝晶发展、熔断、游离和增殖，从而提高了结晶形核率，抑制了晶粒长大。

③ 所研制的弥散处理工艺具有处理次数少、处理周期短、弥散效果好、节能省时、易于推广等特点，并可同时获得弥散、细晶和固溶等多种强化效果。

④ 变质锰钢经弥散处理后可获得细晶粒奥氏体基体上弥散分布有颗粒状碳化物的典型复相耐磨组织。由于所获得的碳化物颗粒属于"残留型"，因此不仅能得到质点强化效果，而且还能得到较高的冲击韧性。

⑤ 变质和弥散处理使奥氏体锰钢的各项力学性能指标均得到了综合改善。其中尤以屈服强度和冲击韧性的改善效果最为明显。

⑥ 时效处理时碳化物的不均匀析出，可使奥氏体锰钢的硬度明显提高，但冲击韧性和塑性明显下降。

⑦ 真空熔炼可显著减少钢中的夹杂物含量，使冲击韧性大幅度提高，进而证明实现材料的纯化是实现材料韧化的有效途径。

第4章 变质锰钢的动态变形行为研究

奥氏体锰钢的耐磨性不仅与其原始组织和力学性能有关，而且与其变形过程中及其变形后的组织结构和力学性能的变化关系更为密切。为此，本章将研究变质锰钢在动态压缩、动态拉伸及 TEM 薄膜原位动态拉伸过程中组织结构与性能的变化规律，以探讨其变形行为和加工硬化机制。

4.1 实验材料与方法

4.1.1 实验材料与试样制备

实验材料与试样制备方法同本书"3.1 实验材料与方法"。

4.1.2 动态压缩和拉伸变形实验

在 RSA250 型电子万能实验机上进行动态拉伸和原位动态压缩变形实验。动态拉伸变形试样是有效尺寸为 $\phi 10mm \times 60mm$ 的标准拉伸试样；原位动态压缩变形试样是尺寸为 $10mm \times 10mm \times 10mm$ 的立方体，变形速率为 $1mm/min$。将上述两种试样分别进行约 10%，20%，30% 和 40% 的变形后再分别进行组织结构和硬度观测，采用 TYPE-M 型显微硬度计测定试样不同压缩变形量时的硬度值。

4.1.3 声发射实验

在 RSA250 型电子万能实验机上进行压缩变形实验时，利用 4010 型声发射仪进行压缩变形过程的动态监测，根据所得声发射谱线，分析变形过程中的形变诱发马氏体相变情况。试样尺寸为 10mm×10mm×150mm，实验过程中的最大压缩载荷为 100kN，加载速率为 50kN/min，声发射事件的计数频率为 1/s，固定门槛电压 1V，前置放大器增益 40dB，主放大器增益 20dB。声发射实验原理如图 4-1 所示。

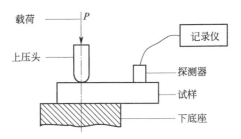

图 4-1　压缩变形过程中的声发射实验原理

4.1.4　磁称实验

磁称实验是在自制的磁称上进行的。磁称是用精度为 0.0001g 的光学天平改造而成的，其实验装置如图 4-2 所示。将用硬纸板做的试样盘 1 用棉线 2 吊挂于光学天平的一端，另一端为砝码盘 3 及砝码 4；在试样盘 1 的下方放置一强力磁铁 5，平衡时试样盘与磁铁的距离为 2mm。其测量方法是先移去磁铁，称出试样 6 的原始质量 W_o，然后放入磁铁后再称出试样 6 的质量与磁重之和 W，由此可求得磁重 $\Delta W = W - W_o$，用单位质量试样的磁重表示磁性的大小 μ，即 $\mu = (W - W_o)/W_o$。

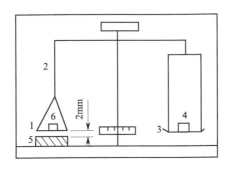

图 4-2　磁称示意图

1—试样盘；2—吊挂棉线；3—砝码盘；

4—砝码；5—强力磁铁；6—试样

4.1.5　薄膜原位动态拉伸实验

用日本产 H-800 透射电子显微镜进行薄膜原位动态拉伸实验,并配合 EDAX9900 型 X 射线能谱仪对试样进行微区和物相成分分析,其加速电压为 200kV。薄膜原位动态拉伸试样的几何尺寸如图 4-3 所示,拉伸试样台的结构如图 4-4 所示。试样上的拉伸载荷是由试样台中的微电机齿轮施加的,拉伸速度可在 0.5～4μm/s 范围内调节,拉伸力为 9.8N,最大拉伸量为 2.5mm。在加载状态下,薄膜样品中心孔边缘将产生变形或裂纹,由此可连续观察拉伸变形过程中一系列微观信息的动态变化;停止加载时薄膜样品受恒拉伸作用。

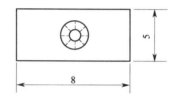

图 4-3　透射电镜薄膜原位拉伸试样结构图

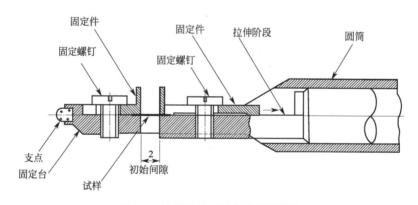

图 4-4　透射电镜下原位拉伸试样台

4.1.6　金相与物相分析

用光学显微镜观察分析材料变形后的显微组织。金相分析试样采用 3% 的硝酸乙醇溶液腐蚀后,再用 15% 的盐酸乙醇溶液冲蚀。用日本产 D/max-γC 阳极转靶 X 射线衍射仪对试样变形前后的组织进行物相分析。

4.2　动态压缩变形

4.2.1　锰含量对压缩变形的影响

由图 4-5 所示的系列锰钢的硬度-压缩应变关系曲线可以看出，随锰含量的降低，变质锰钢的加工硬化能力提高；随变形量的增大，Mn6-1.2C（SR）和 Mn8-1.2C(SR) 钢一直保持近似线性硬化规律，而 Mn10-1.2C（SR）和 Mn12-1.2C（SR）钢在变形量超过 25％以后开始呈现抛物线硬化规律；变质系列锰钢的加工硬化能力明显高于普通高锰钢 Mn12-1.2C。

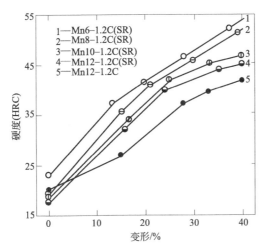

图 4-5　系列锰钢的硬度-压缩应变关系曲线

由图 4-6 所示的系列锰钢的磁重-压缩应变关系曲线可见，在整个变形过程中，Mn12-1.2C（SR）和 Mn12-1.2C 钢的磁重变化都很小；随着锰含量的降低，变质系列锰钢的压缩变形量达到某一临界值后，其磁重迅速增大，且临界变形量的位置逐渐向低变形量方向移动。

变质系列锰钢动态压缩变形过程中的声发射实验结果表明（图 4-7），Mn12-1.2C(SR) 钢在整个变形过程中几乎没有声发射信号产生［图 4-7(a)］，Mn10-1.2C(SR) 钢的声发射信号很弱［图 4-7(b)］，而 Mn6-1.2C(SR) 钢的声发射信号较强［图 4-7(c)］。

变质系列锰钢压缩变形后的 X 射线衍射结果表明（图 4-8），Mn12-1.2C(SR) 钢中几乎没有新相形成［图 4-8(a)］，Mn10-1.2C（SR）钢中出现了较弱的

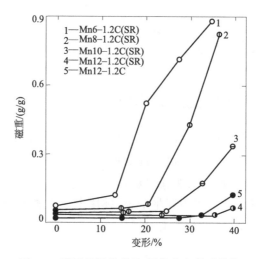

图 4-6 系列锰钢的磁重-压缩应变关系曲线

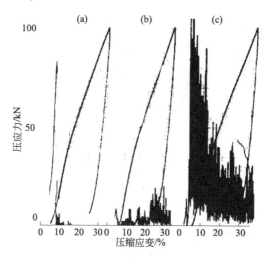

图 4-7 变质系列锰钢压缩变形过程中的声发射谱线

(a)—Mn12-1.2C(SR); (b)—Mn10-1.2C(SR); (c)—Mn6-1.2C (SR)

α' 和 ε 马氏体的衍射峰 [图 4-8(b)]，而 Mn6-1.2C(SR) 钢中则出现了很强的 α' 和 ε 马氏体的衍射峰 [图 4-8(c)]。因此，图 4-6 和图 4-7 中磁重与声发射信号的变化可以认为是由形变诱发马氏体的形成所致。

由此可见，变质系列锰钢动态压缩变形过程中的磁重、声发射信号和 X 射线衍射谱线的变化规律相一致。据此可以认为，变质稳定奥氏体锰钢加工硬化能力的提高主要是质点强化和细晶强化综合作用的结果；而变质介稳奥氏体锰钢加工

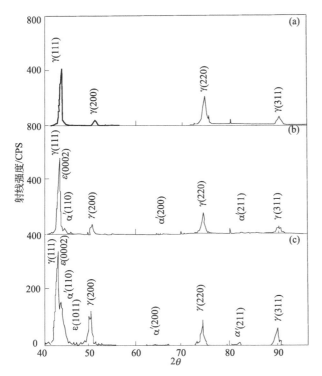

图 4-8　变质系列锰钢压缩变形后的 X 射线衍射谱线及其标定结果
(a)—Mn12-1.2C(SR)；(b)—Mn10-1.2C(SR)；(c)—Mn6-1.2C (SR)

硬化能力的提高则主要是形变诱发马氏体的形成及其量的增多所致。

4.2.2　碳含量对压缩变形的影响

由图 4-9 所示不同碳含量的变质 Mn8 钢的硬度-压缩变形关系曲线可见，随着碳含量的增加，变质 Mn8 钢的硬度提高；在压缩变形量小于约 15％时，Mn8-1.6C(SR) 钢的硬度明显高于 Mn8-1.2C(SR) 和 Mn8-0.8C(SR) 钢，但三者的加工硬化率相近；当压缩变形量超过约 15％后，Mn8-1.6C(SR) 钢的加工硬化率开始下降，而 Mn8-1.2C(SR) 和 Mn8-0.8C(SR) 钢则一直保持较高的加工硬化率。

由图 4-10 可见，随压缩变形量的增大，不同碳含量的变质 Mn8 钢的磁重均呈上升趋势；当变形量超过某一临界值后，其磁重急剧上升；随碳含量的提高，磁重上升幅度减小，且其临界变形量值向高变形量方向移动。

动态压缩变形过程中的声发射实验结果如图 4-11 所示，在一定变形量范围内，不同碳含量的变质 Mn8 钢的声发射信号都较弱，而超过某一临界变形量后，其声发射信号均增强；但随碳含量的提高，声发射信号逐渐减弱。

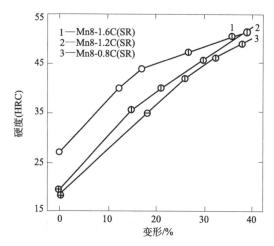

图 4-9 不同碳含量的变质 Mn8 钢硬度-压缩变形关系曲线

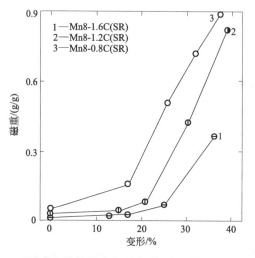

图 4-10 不同碳含量的变质 Mn8 钢的磁重-压缩变形关系曲线

Mn8-1.2C(SR) 钢原位压缩变形过程中的 X 射线衍射结果表明（图 4-12），随着变形量的增大，奥氏体 γ(111) 面的衍射峰高度降低，而马氏体的 α′(110) 面的衍射峰高度升高，且从奥氏体 γ(111) 面的衍射峰右侧逐渐分离，同时出现了马氏体的 α′(200) 和 α′(211) 面的衍射峰 [图 4-12(d)]。这表明形变诱发 α′马氏体的相对量随变形量的增大而增多。

Mn8-1.6C(SR) 和 Mn8-0.8C(SR) 钢变形后的 X 射线衍射谱线分别如图 4-13(a)、(b) 所示。同 Mn8-1.2C(SR) 钢压缩变形后的 X 射线衍射结果 [图 4-12(d)] 对比看出，三种碳含量的变质 Mn8 钢变形后均有 α′马氏体形成，且其量随碳含量的降低而增多。

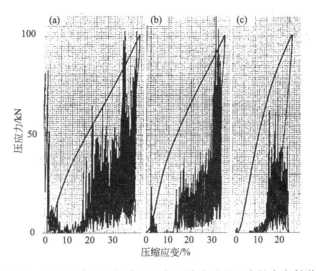

图 4-11 不同含碳量的变质 Mn8 钢压缩变形过程中的声发射谱线

（a）—ω（C）＝0.8％（质量分数）；（b）—ω（C）＝1.2％（质量分数）；（c）—ω（C）＝1.6％（质量分数）

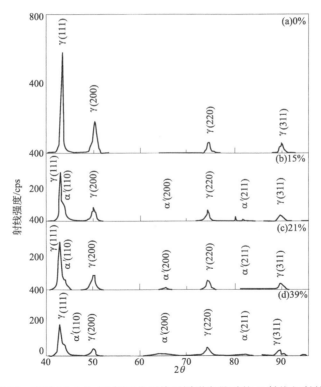

图 4-12 变质 Mn8-1.2C 钢原位压缩不同形变量时的 X 射线衍射结果

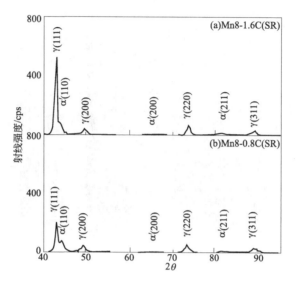

图 4-13　变质 Mn8-1.6C 和 Mn8-0.8C 钢压缩 37%后的
X 射线衍射谱线及其标定结果

综合上述实验结果可见，不同碳含量的变质 Mn8 钢的磁重、声发射信号和 X 射线衍射谱线之间的变化规律相吻合。据此可以认为图 4-9 中 Mn8-1.2C(SR) 和 Mn8-0.8C(SR) 钢较高的加工硬化率是由于产生了较多的形变诱发马氏体；而 Mn8-1.6C(SR) 在变形量小于 15%时的较高硬度是较多的碳化物质点和 Fe-Mn-C 原子团阻滞滑移系启动和阻碍位错运动的结果，在变形量大于 15%后加工硬化率的降低是由于碳含量高导致奥氏体的稳定性提高，从而使形变诱发马氏体量较少。另外，由磁重和声发射信号的变化规律还可看出，马氏体都是在产生一定量的塑性变形之后开始形成的，因此所形成的马氏体为形变诱发马氏体。

4.2.3　压缩变形时加工硬化参数 H 的计算

压缩变形时的加工硬化能力可用式(4-1) 计算：

$$H = 1/n \sum_{i=1}^{n} \frac{\Delta \mathrm{HRC}_i}{\Delta \varepsilon_i} \qquad (4\text{-}1)$$

式中，H 为 n 次单位压缩应变量条件下的硬度增量的平均值；n 为压缩变形次数；$\Delta \mathrm{HRC}_i$ 和 $\Delta \varepsilon_i$ 分别为第 i 次压缩变形时的硬度增量和压缩应变增量。由式(4-1) 计算得到的不同成分系列锰钢的 H 值如表 4-1 所示。由此可见，变质使锰钢的加工硬化能力提高；碳或锰含量的降低有使加工硬化能力提高的趋势。

表 4-1　系列锰钢压缩变形条件下的硬度增量 *H* 值

钢　种	$\Delta HRC_i / \Delta \varepsilon_i$				*H*
	$i=1$	$i=2$	$i=3$	$i=4$	
Mn6-1.2C(SR)	1.077	0.732	0.665	0.651	0.781
Mn8-0.8C(SR)	0.865	0.933	0.615	0.545	0.740
Mn8-1.2C(SR)	1.100	0.750	0.667	0.588	0.776
Mn8-1.6C(SR)	0.618	0.813	0.200	0.359	0.618
Mn8-1.2C	0.618	0.813	0.857	0.625	0.728
Mn10-1.2C(SR)	0.970	0.941	0.375	0.214	0.625
Mn12-1.2C(SR)	0.906	1.000	0.364	0.200	0.617
Mn12-1.2C	0.467	0.769	0.500	0.286	0.510

4.3　动态拉伸变形

4.3.1　拉伸变形的应力-应变曲线

变质对系列锰钢拉伸应力-应变关系曲线的影响如图 4-14 所示。由此可见，在弹性变形阶段以后，变质使所有锰钢在相同应变条件下的应力水平均有不同程度的提高；在相同碳含量条件下，其提高幅度随锰含量的降低而略有减小的趋势 [图 4-14(a)、(b)、(c)、(d)]；在相同锰含量条件下，其提高幅度随碳含量的提高而增大 [图 4-14(b)、(d)]。这一变化规律不仅与变质时碳化物质点的形成有关，而且与碳化物质点的数量及其在强化机理中所处的地位有关。随着锰含量的降低，变质锰钢中碳化物质点的数量减少，变形过程中的形变诱发马氏体量增多，形变诱发马氏体在强化机理中所处的地位得到加强，而碳化物质点的强化地位下降，因而使变质的强化效果被逐渐掩盖。

由图 4-14 还可看出，当应力超过弹性极限后，随着应变的增大变质和未变质锰钢的屈服强度、变形抗力和加工硬化率（相同应变量时的曲线斜率）均随碳含量的增加而提高，但含锰 8%（质量分数）的钢提高幅度较小，而含锰 12%（质量分数）的钢提高幅度较大。这主要是由在高碳和高锰条件下所形成的 Fe-Mn-C 原子团的数量大幅度增多所致。

另外，变质和未变质锰钢的拉伸应力-应变曲线上均不同程度地出现了锯齿状特征，这种现象是在屈服一定变形量之后才发生的，且随着碳含量的提高而加剧，变质处理使锯齿现象明显减轻 [图 4-14(c)]。

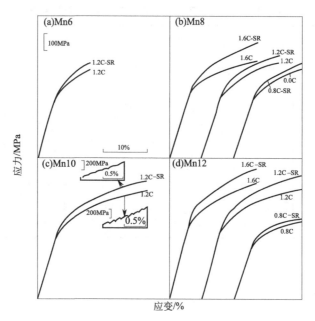

图 4-14　变质对系列锰钢拉伸应力-应变关系曲线的影响

4.3.2　拉伸变形过程中的组织与硬度变化

图 4-15 和图 4-17 分别显示出了 Mn8-1.2C(SR) 和 Mn12-1.2C 钢拉伸变形时，在屈服后和出现锯齿现象之前的 a 点、出现锯齿现象后的 b 点和拉断时的 c 点的显微组织和硬度值，与之对应的 X 射线衍射结果分别如图 4-16 和图 4-18 中的 (a)，(b)，(c) 所示。对比看出，二者的共同规律是随着变形量的增加，硬度值提高，显微组织中发生滑移的晶粒数目逐渐增多，滑移线的密度亦逐渐增大，且由单滑移向多滑移发展 (图 4-15 和图 4-17)。其不同点是 Mn8-1.2C(SR) 钢中有形变诱发马氏体形成，且其数量随应变量的增大而增多 (图 4-16)，而 Mn12-1.2C 钢中则始终未出现形变诱发马氏体 (图 4-18)；Mn8-1.2C(SR) 钢的拉伸变形硬化能力明显高于 Mn12-1.2C 钢。这无疑是形变诱发马氏体形成所起作用的结果。

综合上述实验结果可以得出下述结论：Mn12-1.2C 钢中的奥氏体是稳定的奥氏体，Mn8-1.2C(SR) 钢中的奥氏体是介稳定的奥氏体；Mn12-1.2C 钢的加工硬化并非形变诱发马氏体造成的，而 Mn8-1.2C(SR) 钢中形变诱发马氏体的出现则有利于锰钢加工硬化能力的提高；由于两种钢的拉伸应力-应变曲线上均出现明显的锯齿现象，因此，锯齿现象并非形变诱发马氏体的形成所致。

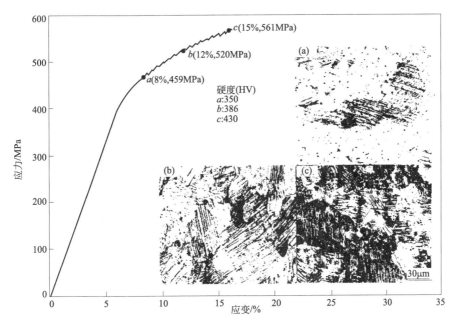

图 4-15　变质 Mn8-1.2C 钢拉伸变形过程中的显微组织与硬度变化

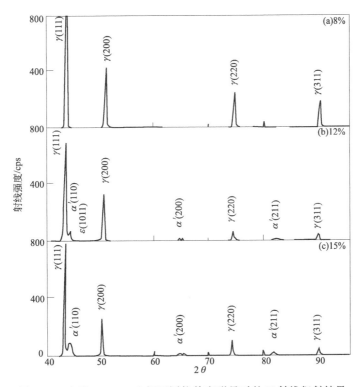

图 4-16　变质 Mn8-1.2C 钢不同拉伸变形量时的 X 射线衍射结果

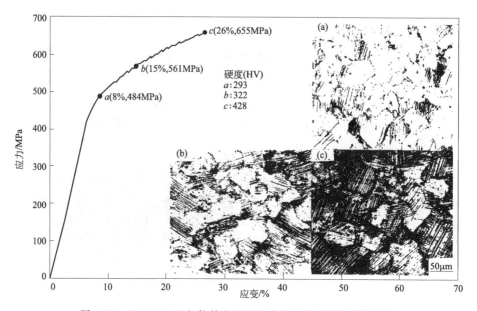

图 4-17 Mn12-1.2C 钢拉伸变形过程中的显微组织与硬度变化

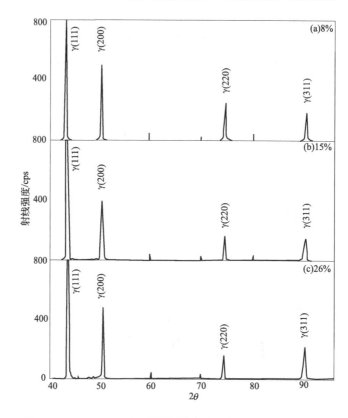

图 4-18 Mn12-1.2C 钢不同拉伸变形量时的 X 射线衍射结果

4.3.3 拉伸变形时加工硬化指数的计算

硬化型材料的拉伸应力与应变存在如下关系：

$$\sigma = K\varepsilon^n \tag{4-2}$$

式中，σ、ε 分别为真实应力和真实应变；K 为强度系数；n 为加工硬化指数。对式(4-2)两边取对数得：

$$\lg\sigma = \lg K + n\lg\varepsilon \tag{4-3}$$

式中的真实应力 σ 和真实应变 ε 分别由式(4-4)和式(4-5)求得：

$$\sigma = S(1+e) \tag{4-4}$$

$$\varepsilon = \ln(1+e) \tag{4-5}$$

式中，S 为工程应力；e 为工程应变。

在拉伸应力-应变曲线上的均匀塑性变形范围内取若干个 σ、ε 对应点（最少五组），按式(4-3)计算真实应力-真实应变的对数 $\lg\sigma$ 和 $\lg\varepsilon$，然后用线性回归方法计算其斜率（加工硬化指数）n 和线性相关系数 Q。其计算公式为：

$$n = \frac{N\sum X_i Y_i - \sum X_i \sum Y_i}{N\sum X_i^2 - (\sum X_i)^2} \tag{4-6}$$

$$b = \frac{\sum Y_i - n\sum X_i}{N} \tag{4-7}$$

$$K = \exp(b) \tag{4-8}$$

$$Q = \frac{N\sum X_i Y_i - \sum X_i \sum Y_i}{[N\sum X_i^2 - (\sum X_i)^2][N\sum Y_i^2 - (\sum Y_i)^2]} \tag{4-9}$$

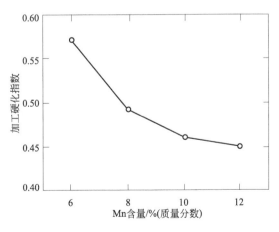

图 4-19 变质系列锰钢的加工硬化指数和锰含量之间的关系

式(4-6)~式(4-9) 中，N 为所取的 σ，ε 对应点的数目（$\geqslant 5$），$Y_i = \lg\sigma_i$，$X_i = \lg\varepsilon_i$。

用上述方法求得的变质系列锰钢的加工硬化指数与锰含量之间的关系如图 4-19 所示。可见，随着锰含量的降低，变质系列锰钢的加工硬化指数 n 值增大。这一结果与压缩变形时加工硬化参数 H 的变化规律（表 4-1）一致，从而进一步证明了锰钢的加工硬化能力随锰含量的降低而提高。

4.4　形变诱发马氏体相变驱动力的计算

设在 M_s 点温度下发生马氏体相变所需要的相变驱动力为 $\Delta GM_{s_{\gamma \to \alpha'}}$，在 M_s 点以上的 T 温度发生马氏体相变需要的外加机械驱动力为 U。机械驱动力 U 是应力和相变马氏体片位向的函数，Patel 和 Cohen 把它表示为：

$$U = \tau\gamma_o + \sigma\varepsilon_o \tag{4-10}$$

式中，τ 为惯析面上沿相变剪切方向的剪切应力；γ_o 为在惯析面上沿相变剪切方向相应的剪切应变；σ 为垂直于惯析面的膨胀应力，ε_o 为相变应变的法向分量。当试样受 σ_1 应力作用时，马氏体片的任何给定位向的 τ 和 σ 可由图 4-20 所示的莫尔圆分解求得：

$$\tau = 0.5\sigma_1\sin2\theta \cdot \cos\alpha$$
$$\sigma = \pm 0.5\sigma_1(1 + \cos2\theta) \tag{4-11}$$

式中，θ 为外加应力轴与惯析面法线之间的夹角，α 为相变剪切方向与惯析面上外加应力的最大剪切应力方向之间的夹角，正号为拉伸，负号为压缩。将式(4-11) 中的 τ 和 σ 值代入式(4-10) 得：

拉伸时：$\qquad U = 0.5\sigma_1[\gamma_o \cdot \sin2\theta \cdot \cos\alpha + \varepsilon_o(1 + \cos2\theta)]$

压缩时：$\qquad U = 0.5\sigma_1[\gamma_o \cdot \sin2\theta \cdot \cos\alpha - \varepsilon_o(1 + \cos2\theta)] \tag{4-12}$

在 $\alpha = 0$ 和 $\mathrm{d}u/\mathrm{d}\theta = 0$ 时，U 可达最大值，因而形变诱发马氏体相变的临界机械驱动力 U' 为：

拉伸时：$\qquad U' = 0.5\sigma_1'[\gamma_o\sin2\theta + \varepsilon_o(1 + \cos2\theta)]$

压缩时：$\qquad U' = 0.5\sigma_1'[\gamma_o\sin2\theta - \varepsilon_o(1 + \cos2\theta)] \tag{4-13}$

式中，σ_1' 即为马氏体相变时的临界外加应力。对于一定的合金，γ_o，ε_o，θ 都是常数。这里引用 Fe-Ni 合金马氏体相变时的实验数据 $\gamma_o = 0.20$，$\varepsilon_o = 0.04$，并由 $\mathrm{d}u/\mathrm{d}\theta = 0$ 得：

拉伸时：$\qquad \dfrac{\sin2\theta}{\cos2\theta} = \tan2\theta = \dfrac{\gamma_o}{\varepsilon_o} = \dfrac{0.2}{0.04} = 5$

压缩时：
$$\frac{\sin 2\theta}{\cos 2\theta} = \tan 2\theta = -\frac{\gamma_o}{\varepsilon_o} = -\frac{0.2}{0.04} = -5 \tag{4-14}$$

由式（4-14）解得：

拉伸时：
$$\theta = 39.5°$$

压缩时：
$$\theta = 50.5° \tag{4-15}$$

将式（4-15）代入式（4-13）有：

拉伸时：
$$U' = 0.123\sigma_1'$$

式中，σ_1' 为拉应力。

压缩时：
$$U' = 0.082\sigma_1' \tag{4-16}$$

式中，σ_1' 为压应力。

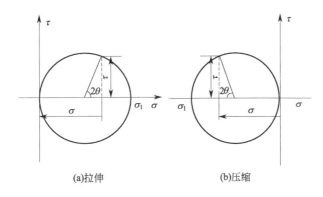

(a)拉伸　　　　　　　　(b)压缩

图 4-20　拉伸和压缩莫尔圆

由此可见，在相同外加应力 σ_1' 条件下，拉伸所提供的机械驱动力大于压缩，亦即在相同外加应力条件下，拉伸时产生的形变诱发马氏体量应多于压缩。本实验结果与该结论相符合，如 Mn8-1.2C（SR）钢在拉伸应力为 555MPa 时有 12％的形变诱发马氏体形成，而在压缩应力为 1239MPa 时只有 17％的形变诱发马氏体形成。

4.5　薄膜原位动态拉伸过程的 TEM 观察

4.5.1　形变诱发马氏体的形核与长大

Mn8-1.2C（SR）钢在 TEM 薄膜原位拉伸过程中形变诱发马氏体形核与长大的动态过程如图 4-21 所示。

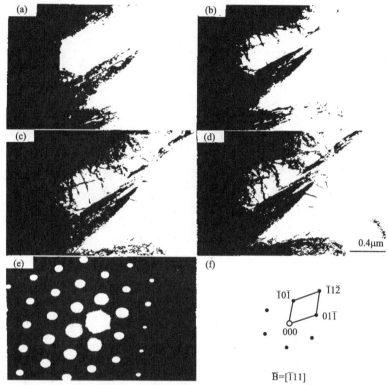

图 4-21   变质 Mn8-1.2C 钢 TEM 薄膜原位动态拉伸过程中形变诱发
马氏体形核与长大过程的动态观察

由图 4-21 可见，在变形量较小时，奥氏体中产生一马氏体片，其亚结构为位错，但位错密度较低，其上下方和右侧均为无位错的奥氏体区 [图 4-21(a)]；加大变形量时，马氏体片缓慢长大，片中的位错密度增加，马氏体片上侧的高位错密度区逐渐向马氏体片移动，并在片尖的右上方产生一个新的马氏体核，下方又形成一低位错密度的马氏体片 [图 4-21(b)]；随着变形量的继续增大，原有马氏体片及新形成的马氏体片不断长大，马氏体片内及其上下两侧位错密度继续增加 [图 4-21(c)，(d)]。对马氏体片所进行的电子衍射及其标定结果证明其为体心立方结构的 α' 马氏体 [图 4-21(e)，(f)]。从马氏体的形核、长大和亚结构的变化可以看出，Mn8-1.2C(SR) 钢中的马氏体是依靠位错的产生、运动和增殖而形核和长大的，因此马氏体的产生属于由塑性变形引起的形变诱发形核机制。

4.5.2　位错组态的动态变化

变质 Mn8-1.2C 钢 TEM 薄膜原位动态拉伸过程中位错组态的变化如图 4-22 所示。

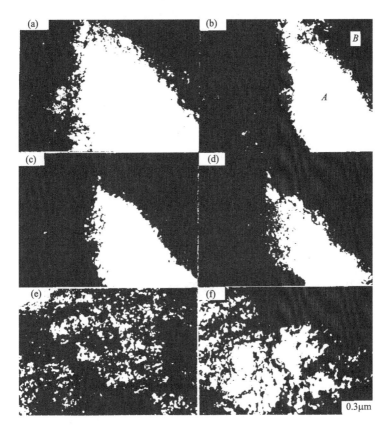

图 4-22　变质 Mn8-1.2C 钢 TEM 薄膜原位动态
拉伸过程中位错组态的变化

由图 4-22 可见，Mn8-1.2C(SR) 钢在拉伸变形的开始阶段，奥氏体中存在低位错密度区、无位错区和高位错密度区［图 4-22(a) 中的左侧、中部和右侧］；随着变形量的增大，原低位错密度区的位错密度增大，高位错密度区逐渐向无位错区拉展，无位错区不断缩小［图 4-22(b)，(c)，(d)］；进一步加大变形量时，整个视域布满位错，原无位错区消失［图 4-22(e)］；继而发生位错缠结，并形成位错胞，高密度的位错缠结主要集中在位错胞的周围地带构成胞壁，而胞内体积中的位错密度很低。对图 4-22(b) 中的 A、B 两点进行的能谱分析结果表明，无位错区富锰，高位错密度区贫锰（图 4-23）。由此可以认为富锰区含有较多的 Fe-Mn-C 原子团，可有效地阻滞滑移系的启动，从而使位错较难产生和运动。

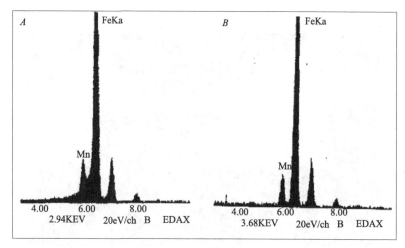

图 4-23　图 4-22（b）中 A 点和 B 点处 Mn 元素的能谱分析结果

4.5.3　碳化物质点与位错的交互作用

Mn12-1.2C（SR）钢 TEM 薄膜原位拉伸过程中位错与碳化物交互作用的动态观察结果如图 4-24 所示。

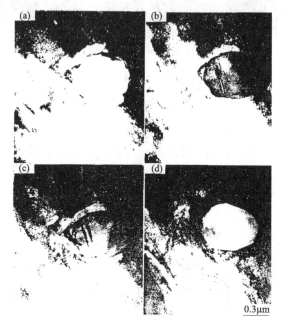

图 4-24　变质 Mn12-1.2C 钢 TEM 薄膜原位
动态拉伸过程中碳化物与位错的交互作用

由图 4-24 可见，在开始拉伸时，碳化物颗粒左下方位错密度很低，且存在较大的无位错区，左上方的高位错密度区离碳化物较远［图 4-24(a)］；随着拉伸变形量的增大，碳化物颗粒左侧位错密度增高，左上方的高位错密度区逐渐向碳化物靠近［图 4-24(b)，(c)］；当进一步增大拉伸变形量时，碳化物颗粒左上方的高位错密度区与碳化物相遇，其位错密度进一步增大，原碳化物颗粒下方的无位错区产生位错并缩小［图 4-24(d)］。由此表明 Mn12-1.2C(SR) 钢的变形过程是位错运动和增殖的过程，碳化物颗粒对位错运动具有强烈的阻碍作用。

4.5.4　裂纹扩展及其周围的微观结构变化

图 4-25 展示了 Mn12-1.2C(SR) 钢中裂纹的扩展及裂纹周围微观结构变化的动态过程。在受载状态下，裂纹尖端附近部位位错密度较高，而在其后部存在较大的无位错区［图 4-25(a)］；当载荷增大时，裂纹缓慢扩展，裂纹两侧位错密度增大，无位错区缩小［图 4-25(b)，(c)］；当载荷进一步增大时，裂纹继续扩

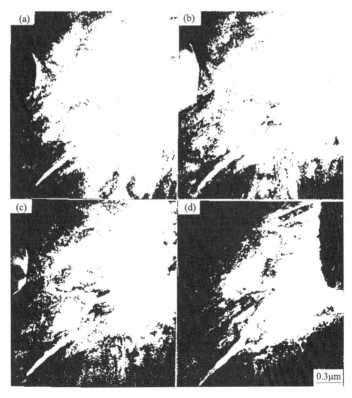

图 4-25　变质 Mn12-1.2C 钢 TEM 薄膜原位动态拉伸过程中
裂纹的扩展与裂纹周围的微观结构变化

展，裂纹左上侧的位错密度进一步增加，原无位错区周围的高位错密度区向无位错区中心方向包围扩展，并在图 4-25(d) 中右上角处出现位错条带，裂纹后部下方因裂纹扩展后应力松弛而使位错密度有所下降 [图 4-25(d)]。可见，在锰钢奥氏体的整个变形过程中裂纹扩展非常缓慢，裂纹周围存在位错的产生、运动、增殖和消失等多种复杂过程。由此表明锰钢奥氏体具有较强的抑制裂纹扩展的能力。

4.6　本章小结

① 动态压缩变形实验表明，与普通高锰钢相比，变质使系列锰钢的加工硬化能力提高。变质稳定奥氏体锰钢加工硬化能力的提高主要是由质点强化和细晶强化综合作用所致；变质介稳奥氏体锰钢加工硬化能力的提高主要是由形变诱发马氏体的形成及其量的增多所致。

② 动态拉伸变形实验表明，变质使系列锰钢在相同应变条件下的应力水平均有不同程度的提高。在相同碳含量条件下，其提高幅度随锰含量的降低而略有减小的趋势；在相同锰含量条件下，其提高幅度随碳含量的提高而增大。

③ 变质介稳奥氏体锰钢在动态拉伸和压缩变形过程中，可形成两种类型的马氏体 α' 和 ε，其数量随变形量的增大而增多。在相同外加应力条件下，由于拉伸所提供的机械驱动力大于压缩，所以拉伸时产生的形变诱发马氏体量应多于压缩。

④ 薄膜原位动态拉伸过程中的 TEM 观察结果表明，形变诱发马氏体是依靠位错的产生、运动和增殖而形核和长大的；Fe-Mn-C 原子团可有效地阻滞滑移系的启动，阻碍位错产生和运动；碳化物颗粒对位错运动具有强烈的阻碍作用；锰钢奥氏体具有较强的抑制裂纹扩展的能力。

第5章 变质锰钢的磨料磨损 行为研究

材料的耐磨性具有系统特性，而不是材料固有的属性。材料因素、磨料因素、材料与磨料的接触方式、接触应力的大小、接触时间的长短以及环境因素等都将影响材料的磨料磨损行为。同一材料随磨损条件及其生产工艺的不同而表现出不同的磨料磨损行为，而不同材料在同一磨损条件下的磨料磨损行为亦不相同。通常是根据具体的磨损条件选择耐磨材料及其生产工艺。本章将重点研究锰及碳含量、变质处理、熔炼方法、热处理工艺、磨损冲击功等因素对锰钢耐磨性的影响规律，进而揭示其磨损机理，以便为锰钢耐磨材料的研究、生产和应用提供实验依据。

5.1 实验材料与方法

5.1.1 实验材料与试样制备

实验材料与试样制备方法同"3.1 实验材料与方法"。

5.1.2 耐磨性实验

实验室耐磨性实验在 MLD-10 型动载磨料磨损实验机上进行。本实验机能够较好地模拟在冲击磨料磨损工况下工作的耐磨件的磨损情况。上试样为实验试样，下试样为对磨试样，在实验过程中，下试样以一定的转速旋转，上试样以一定的频率冲击下试样，磨料通过料斗以一定流速流入两试样之间，受到冲击并被碾碎。因此，上试样在与带有磨料的旋转下试样接触的瞬间，试样接触面上既受到冲击力的作用，又有短程滑动。本实验所选取的冲锤质量为 10kg，上试样冲击频率为 100 次/min，下试样转速为 200r/min；磨料采用粒度为 1～3mm 的水洗石英砂，磨料流量为 11kg/h；冲击时间为 60min；所选取的冲击功有 0.5J，1.0J，1.5J，2.0J，2.5J，3.0J 等值，所对应的冲锤落体高度分别为 5mm，10mm，15mm，20mm，25mm，30mm。

上试样与下试样的形状及尺寸分别如图 5-1 和图 5-2 所示。下试样材料为 45 钢，经 840℃水淬＋300℃回火处理，硬度为 44～46HRC。实验前后均用丙酮清洗试样，用精度为 0.0001g 的光学分析天平称重，以三个试样冲击磨损 1h 后失重平均值的倒数表示耐磨性。其数值越大，表示耐磨性越好。

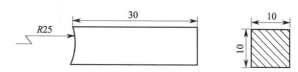

图 5-1　磨损实验试样结构图（单位：mm）

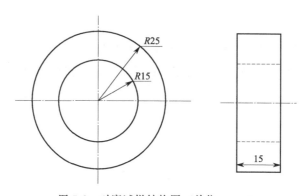

图 5-2　对磨试样结构图（单位：mm）

针对高、中、低三种不同冲击磨料磨损工况进行工业应用耐磨性实验，选择颚式破碎机颚板、球磨机衬板和磨球三种典型耐磨件为实验对象，分别选用高、中、低三种不同锰含量的变质锰钢，在砂轮厂、石料厂、铜矿和水泥厂等与普通高锰钢进行现场同机对比实验，以实际考察变质系列耐磨锰钢的工业应用效果。

5.1.3　硬度实验与组织结构分析

用 TYPE-M 型显微硬度计测定试样磨面硬度和磨损表层硬度分布。用光学显微镜观察分析材料的显微组织。用日本产 JX-840 型扫描电子显微镜观察分析磨面形貌和磨损表层的组织结构。

5.2　锰及碳含量对变质锰钢耐磨性的影响

在 1J 磨损冲击功条件下锰及碳含量对变质锰钢耐磨性的影响如图 5-3 所示。由此可见，在相同锰含量条件下，变质锰钢的耐磨性均随碳含量的降低而提高。在本研究的碳含量范围内，以碳含量为 0.8%（质量分数）的变质系列锰钢耐磨性最好；在碳含量为 1.6%～2.0%（质量分数）的范围内，变质锰钢的耐磨性随锰含量的增加而提高；而在碳含量为 0.8%～1.2%（质量分数）的范围内，变质锰钢的耐磨性与锰含量之间呈近似抛物线关系，其中以锰含量为 8%（质量分数）的变质锰钢耐磨性最好。

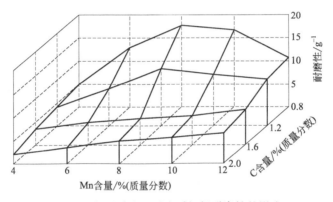

图 5-3　锰及碳含量对变质锰钢耐磨性的影响

变质锰钢碳、锰含量与磨面硬度的关系如图 5-4 所示。变质锰钢的典型磨面形貌如图 5-5 所示。由此可见，Mn12-1.2C(SR) 钢由于锰含量高，奥氏体稳定性高，磨面硬度较低，此时主要以切削和凿坑磨损为主[图 5-5(a)]，材料流失较多，故耐磨性较低；Mn8-1.6C(SR) 钢由于碳含量过高，冲击韧性很低（表 3-8 和表 3-10），所形成的大量碳化物颗粒如同"侵入"磨面的磨料[图 5-5(b)]，不仅其本身容易产生脱落，而且还会加速基体金属的磨损，因此其耐磨性亦较低；Mn4-0.8C(SR) 钢由于锰含量过低，奥氏体稳定性差，会导致大量形变诱发马氏体的形成，引起钢的严重脆化，从而使磨面金属产生大量的疲劳剥落[图 5-5(c)]，因而耐磨性不高；Mn8-0.8C(SR) 钢由于具有足够的冲击韧性、最大的 C-Mn 原子结合力，较强的加工硬化能力和较高的磨面硬度（图 5-4），因而不仅具有较强的抵抗疲劳剥落的能力，而且具有较强的抵抗磨料压入和切削的能力，故磨面较为平滑，既无深的切痕，又无大的凿坑和明显的剥落[图 5-5(d)]，故耐

变质耐磨锰钢

磨性最好。

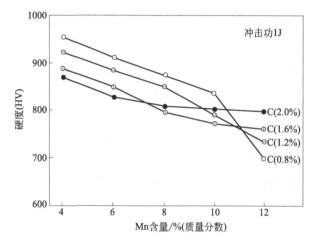

图 5-4 变质锰钢碳、锰含量与磨面硬度的关系

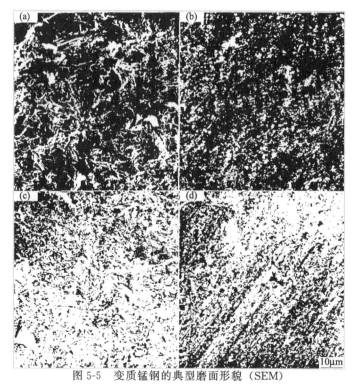

图 5-5 变质锰钢的典型磨面形貌（SEM）

（a）—Mn12-1.2C(SR)；（b）—Mn8-1.6C(SR)；（c）—Mn4-0.8C(SR)；（d）—Mn8-0.8C(SR)

5.3　变质对锰钢耐磨性的影响

由图 5-6 可见，在 1J 磨损冲击功条件下，变质使锰钢的耐磨性均有不同程度的提高，其中含 C[0.8％（质量分数）]、Mn[6％～10％（质量分数）]的变质锰钢提高幅度达 1 倍左右。

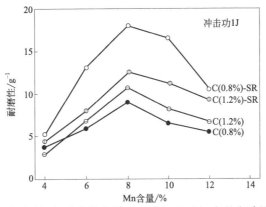

图 5-6　变质对锰钢耐磨性的影响（图中 C、Mn 含量为质量分数）

由图 5-7 所示的 Mn8-0.8C 钢变质前后磨损表层的硬度分布曲线可见，变质锰钢的磨面硬度明显高于未变质锰钢，表明变质使锰钢的加工硬化能力增强，在相同磨损冲击功条件下磨面硬度的提高有利于减少切削和变形磨损；另外，变质使锰钢的晶粒细化，夹杂物球化，冲击韧性得到明显改善，这必然有利于抑制磨损表层中裂纹的产生和扩展，延迟磨屑的形成，减少疲劳剥落磨损量，从而使耐磨性得以提高。

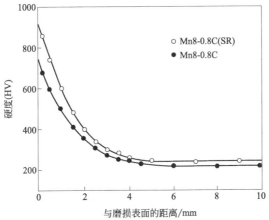

图 5-7　变质对 Mn8-0.8C 钢磨损表层硬度分布的影响

5.4 熔炼方法对锰钢耐磨性的影响

用普通熔炼和真空熔炼两种方法生产的 Mn12 钢的耐磨性与磨损冲击功之间的关系如图 5-8 所示。由此可见，在不同的磨损冲击功条件下，真空熔炼的 Mn12 钢的耐磨性比普通熔炼的 Mn12 钢的耐磨性明显提高。由图 5-9 可见，用普通方法熔炼的锰钢中夹杂物多而粗大，且沿晶界分布现象严重[图 5-9(a)]，固溶处理后的冲击韧性只有 92J/cm^2（表 3-8），因此裂纹很容易在硬化后的磨损表层中的夹杂物和晶界等缺陷处产生并扩展[图 5-10(a)]，从而加速磨屑的形成和剥落，故耐磨性较低。而用真空方法熔炼的锰钢中夹杂物少而细小，晶界较为纯净[图 5-9(b)]，固溶处理后的冲击韧性高达 215J/cm^2（表 3-10），在磨损表层中裂纹不易产生和扩展[图 5-10(b)]，可延迟磨屑的形成和剥落，材料流失速度较小，因而耐磨性大幅度提高。

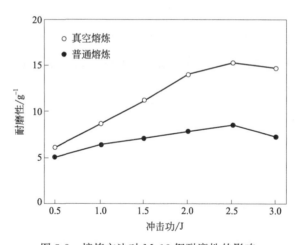

图 5-8 熔炼方法对 Mn12 钢耐磨性的影响

由图 5-8 还可看出，随着磨损冲击功的增大，真空熔炼的锰钢比普通熔炼锰钢的耐磨性提高幅度增大，在 3J 磨损冲击功时的提高幅度可达 1 倍左右。这是因为在较低冲击功条件下，磨损表层材料尚未充分加工硬化，磨面硬度较低，材料的磨损以切削和变形机制为主，此时材料的耐磨性对磨损亚表层中的组织缺陷及冲击韧性不敏感，而主要受磨面硬度控制，由于二者的磨面硬度在较低冲击功下差别较小，故其耐磨性差别亦较小。但在高冲击功条件下，磨损表层材料已经充分加工硬化，磨面硬度较高，材料的磨损以累积变形、疲劳剥落机制为主，这时材料的耐磨性对硬化并脆化后的磨损亚表层中的组织缺陷（如晶界、夹杂物与碳化物、缩孔与疏松、晶粒大小）和冲击韧性十分敏感，较多的组织缺陷容易导致较多裂纹的早期产生，而较低的冲击韧性容易促进裂纹的快速扩展，会加速磨屑的形成，故其耐磨性差别较大。因此，改进熔炼方法，提高冶金质量，减少组织缺陷，提高材料冲击韧性，是提高奥氏体锰钢在较高磨损冲击功条件下耐磨性的有效途径。

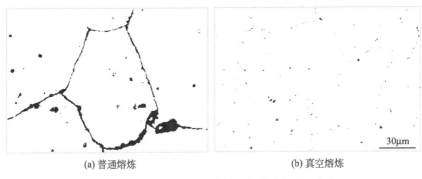

(a) 普通熔炼　　　　　　　　　　　　　(b) 真空熔炼

图 5-9　普通熔炼和真空熔炼锰钢的水韧处理组织

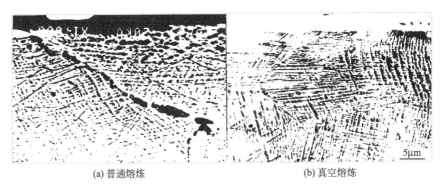

(a) 普通熔炼　　　　　　　　　　　　　(b) 真空熔炼

图 5-10　普通熔炼和真空熔炼的 Mn8-1.2C 钢磨损亚表层 SEM 形貌（2.5J）

5.5　热处理对变质锰钢耐磨性的影响

真空熔炼的 Mn8-1.2C(SR) 钢经弥散处理、固溶处理和时效处理后的耐磨性与磨损冲击功之间的关系如图 5-11 所示。由此可见，用不同热处理工艺处理的 Mn8-1.2C(SR) 钢的耐磨性都具有随磨损冲击功的增大而先增后减的规律，其耐磨峰值均出现在大约 1J 磨损冲击功处。这是因为在 1J 磨损冲击功时，锰钢磨面既能较充分地加工硬化，又未发生严重的脆化，故切削、凿坑和疲劳剥落磨损量都较少。

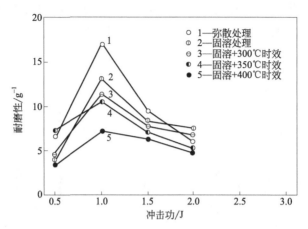

图 5-11 热处理对真空熔炼的变质 Mn8-1.2C 钢耐磨性的影响

由图 5-11 还可看出，在磨损冲击功为 1J 左右，Mn8-1.2C(SR) 钢弥散处理时耐磨性最好，固溶处理时次之，时效处理时最差，且耐磨性随时效温度的提高而降低。这是因为 Mn8-1.2C(SR) 钢弥散处理时不仅具有较高的冲击韧性，而且可获得弥散分布的第二相强化质点，从而使其具有较高的加工硬化能力和磨面硬度（图 5-12）。由于磨面具有较高冲击韧性和硬度的配合，因而抵抗磨料切削、凿入和疲劳剥落的能力较强，材料流失较少，磨面较为平滑[图 5-13(b)]，耐磨性较高。固溶处理时材料虽有较高的冲击韧性，但不能获得质点强化效果，加工硬化能力较低，磨面硬度低（图 5-12），磨面上存在较多的切痕和较深的凿坑[图 5-13(a)]，因而耐磨性较低。时效处理由于不均匀析出针状碳化物（图 3-17），

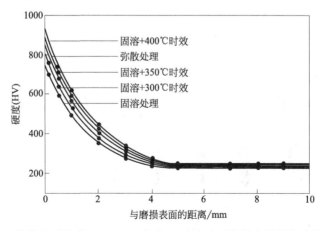

图 5-12 热处理对变质 Mn8-1.2C 钢在 1J 冲击功下磨损表层硬度分布的影响

使钢的冲击韧性显著降低（表 3-10），导致钢的严重脆化，且随时效温度的提高，针状碳化物析出数量增多和析出尺寸增大［图 5-17(a)，(c)］，脆化现象加剧［图 3-17(b)，(d)］，磨面虽具有较高的硬度（图 5-12），但冲击韧性很低，脆性剥落现象较重［图 5-13(c)，(d)］，因而耐磨性较差。

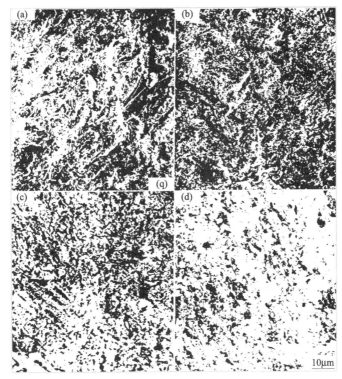

图 5-13　不同热处理条件下的变质 Mn8-1.2C 钢在 1J 磨损冲击功下磨损 1h 后的磨面形貌（SEM）

(a)—固溶处理；(b)—弥散处理；(c)—固溶＋300℃时效；(d)—固溶＋450℃时效

5.6　磨损冲击功对变质锰钢耐磨性的影响

不同成分的变质锰钢的耐磨性与磨损冲击功之间的关系如图 5-14 所示。可见，随着磨损冲击功的增大，不同锰含量的变质锰钢均存在一个耐磨性峰值，且随着钢中锰含量的提高，耐磨性峰值的位置向较高磨损冲击功方向移动。

现以 Mn10-0.8C(SR) 钢为例对其原因予以分析。如图 5-15 所示，在磨损冲击功为 0.5J 时，磨面尚未充分加工硬化，硬度较低，在磨面上形成了大量凿坑和较多的显微切痕［图 5-16(a)］，表明此时以切削和凿坑变形磨损机制为主，

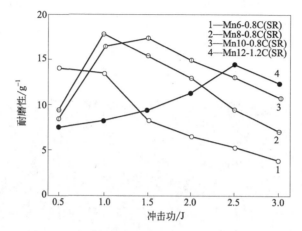

图 5-14　变质锰钢的耐磨性与磨损冲击功的关系

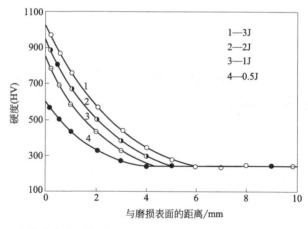

图 5-15　磨损冲击功对变质 Mn10-0.8C(SR) 钢磨损表层硬度分布的影响

材料流失较多，因而耐磨性较低；随着磨损冲击功的增大，磨面硬度提高，切削和凿坑变形磨损量减少，因而耐磨性提高；当磨损冲击功达到 1J 时，磨面已发生了较充分的加工硬化，由于磨面硬度较高，材料抵抗磨料切削和凿入的能力增强，磨面上的凿坑变浅，切痕减少[图 5-16(b)]，此时材料流失较少，故耐磨性较高；当磨损冲击功达到 2～3J 时，磨面硬度高达 950～1030HV，在磨面发生高度硬化的同时也发生了严重的脆化，在磨料和冲击载荷的反复冲击作用下，裂纹会在发生了严重变形的亚表层组织中的缺陷处不断产生、扩展、相连，最后导致严重的疲劳剥落产生，因而在磨面上形成了较多的剥落坑[图 5-16(c)]，且随着磨损冲击功的增大，疲劳剥落加剧，剥落坑尺寸增大[图 5-16(d)]，因而使耐磨性不断降低。

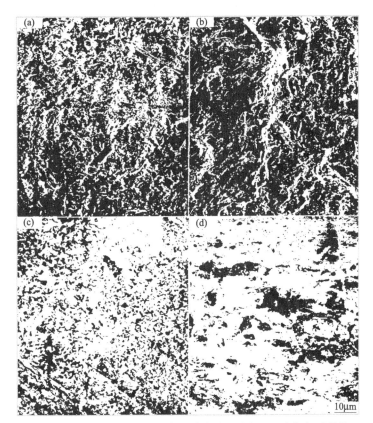

图 5-16　变质 Mn10-0.8C 钢在不同磨损冲击功下磨损 1h 后的磨面形貌（SEM）
(a)—0.5J；(b)—1J；(c)—2J；(d)—3J

　　其他钢种的耐磨性随磨损冲击功变化的原因与上述相似。至于耐磨性峰值随锰含量的增加而向高冲击功方向移动的原因，主要是随着锰含量的增加，钢的 M_s 点降低（表 3-9），奥氏体的稳定性提高，形变诱发马氏体量减少乃至消失（图 4-8），磨面需要在更高的磨损冲击功下才能充分加工硬化而发挥其耐磨潜力。

　　由此可见，变质高锰钢在高冲击功条件下（≥2.5J）具有较高的耐磨性，变质中锰钢在中等冲击功条件下（1～2J）具有较高的耐磨性，而变质低锰钢在低冲击功条件下（≤0.5J）具有较高的耐磨性。

5.7　变质锰钢的工业应用效果

　　变质锰钢的工业应用效果如表 5-1 所示。由此可见，变质系列锰钢在不同使用工况下的耐磨性均比普通高锰钢 Mn13 显著提高。由于生产实验用变质系列锰钢均采用廉价的高碳锰铁，特别是在采用铸态水韧处理时，可使生产周期缩短80%以上，生产成本降低 20%～30%，经济和社会效益十分明显。

表 5-1　变质锰钢的工业应用效果

工况条件	试验单位	零件名称	破磨物料	使用材料	热处理工艺	试验结果	相对耐磨性
高冲击工况	中国第四砂轮厂	颚板	棕刚玉	Mn13	固溶处理	2.75t/kg	1
				Mn12(SR)-1	弥散处理	6.00t/kg	2.18
				Mn12(SR)-2		7.20t/kg	2.62
				Mn12(SR)-3		7.90t/kg	2.87
				Mn12(SR)-4		9.08t/kg	3.30
中冲击工况	青岛崂山特钢厂	颚板	石料	Mn13	固溶处理	17.1m³/kg	1
				Mn8(SR)-1	铸态水韧	38.6m³/kg	2.26
				Mn8(SR)-2		53.5m³/kg	3.31
				Mn8(SR)-3		55.4m³/kg	3.24
	安徽有色机械总厂	大型衬板	铜矿石	Mn13	固溶处理	6 个月	1
				Mn8(SR)	弥散处理	14 个月	2.33
低冲击工况	青岛崂山特钢厂	磨球	水泥	低合金铸铁		145g/t	1
				Mn6(SR)	铸态水韧	100g/t	1.45
			金矿石	低合金铸铁		1400g/t	1
				Mn6(SR)	铸态水韧	1000g/t	1.40

5.8　本章小结

① 变质处理可显著提高系列奥氏体锰钢的耐磨性，其提高幅度随碳、锰含量的不同而异。实验室耐磨性试验结果表明，在1J 磨损冲击功下，所实验的变质系列锰钢以含 C[0.8%(质量分数)]，Mn[8%(质量分数)]的变质中锰钢耐磨性最好，可比普通高锰钢提高 1 倍以上。

② 熔炼方法对奥氏体锰钢的耐磨性具有重要影响。与普通熔炼相比，真空熔炼能提高冶金质量，减少夹杂物的数量，纯化奥氏体晶界，提高材料冲击韧性，能显著提高奥氏体锰钢在较高磨损冲击功条件下耐磨性。

③ 热处理对变质锰钢的耐磨性具有重要影响。在低冲击功条件下（0.5J），固溶处理＋350℃时效处理的变质 Mn8 钢耐磨性最好；在中等冲击功条件下

（1J），弥散处理的变质 Mn8 钢耐磨性最好；在高冲击功条件下（2J），固溶处理的变质 Mn8 钢耐磨性最好。

④ 磨损冲击功对变质锰钢耐磨性具有重要影响。随着磨损冲击功的增大，不同锰含量的变质锰钢均存在一个耐磨性峰值，且随着钢中锰含量的提高，耐磨性峰值的位置向较高磨损冲击功方向移动。变质高锰钢在高冲击功条件下（≥2.5J）具有较高的耐磨性，变质中锰钢在中等冲击功条件下（1～2J）具有较高的耐磨性，而变质低锰钢在低冲击功条件下（≤0.5J）具有较高的耐磨性。

⑤ 工业运行实验结果表明，同普通高锰钢相比，变质 Mn12 钢颚板在破碎棕刚玉时的耐磨性提高了 1～2.3 倍；变质 Mn8 钢颚板在破碎石料时的耐磨性提高了 1～2.3 倍；变质 Mn8 钢大型球磨机衬板在破磨铜矿石时的耐磨性提高 1 倍以上。

⑥ 冲击磨料磨损试验结果表明，随着磨损冲击功的增大，奥氏体锰钢的磨损机理的变化规律为：切削＋凿坑→显微切削＋浅小凿坑＋轻微疲劳剥落→疲劳剥落。最佳耐磨性时的磨损机理为显微切削＋浅小凿坑＋轻微疲劳剥落。

第6章 变质锰钢磨损过程的
动态研究

材料的耐磨性不仅取决于材料的原始组织和性能，更取决于磨损过程中形成并变化的组织和性能。在磨损过程中磨面的几何形貌、化学成分、组织结构和力学性能，以及亚表层的组织结构和力学性能等都将发生一系列变化，这些变化对材料的耐磨性会产生重要影响。因此，应当从动态金属学的角度研究和讨论金属材料的磨损问题。本章将重点研究在磨损过程中，磨损表面形貌、表层硬度、表层组织结构的动态变化和磨损条件对变质锰钢耐磨性的影响，试图揭示耐磨性与磨面硬度、磨面组织、磨损冲击功及磨损机理之间的关系，以便为"科学研材、优化产材、合理用材"提供理论依据。

6.1 实验材料与方法

6.1.1 实验材料与试样制备

实验材料与试样制备方法同本书"3.1 实验材料与方法"。

6.1.2 耐磨性实验

实验室耐磨性实验在 MLD-10 型动载磨料磨损实验机上进行。具体实验方法同本书"5.1.2 耐磨性实验"。

6.1.3 组织结构分析与硬度实验

用日本产 JX-840 型扫描电子显微镜观察分析磨面形貌和磨损表层的组织结

构。用日本产 H-800 透射电子显微镜分析磨损表层的组织结构,其加速电压为 200kV。用日本产 D/max-γC 阳极转靶 X 射线衍射仪对试样磨面进行物相分析。用 TYPE-M 型显微硬度计测定试样磨面硬度和磨损表层硬度分布。

6.2 磨损表面形貌的动态变化

Mn12-1.2C(SR) 钢在 1J 冲击功下磨损不同时间后的磨面形貌动态变化如图 6-1 所示。由此可见,在整个磨损过程中,磨面形貌不断发生变化,当磨损 5min 后,在磨料和冲击载荷的反复作用下,磨面上形成大量较深的凿坑和切痕[图 6-1(a)],表明此时磨面硬度较低,其磨损机制为显微切削+凿坑变形;当磨损 15min 和 30min 后,凿坑和切痕尺寸减小、深度变浅,且切痕数量不断减少[图 6-1(b),(c)],表明磨面硬度提高,抵抗磨料切削和凿入的能力逐渐增强;当磨

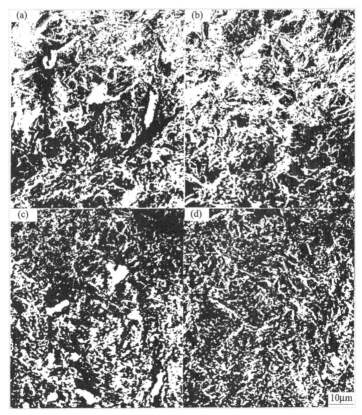

图 6-1 Mn12-1.2C(SR) 钢在 1J 冲击功下磨损不同时间后的磨面形貌 (SEM)
(a)—5min;(b)—15min;(c)—30min;(d)—60min

损 60min 后，磨面变得较为平整，凿坑尺寸进一步缩小，切痕进一步减少，并出现了显微剥落坑和附着在磨面上的即将脱落的磨屑[图 6-1(d)]，整个磨面显示出较高的冲击韧性，此时磨损已进入稳态阶段。

图 6-2 展示了 Mn6-0.8C(SR) 钢在 1J 冲击功下磨损不同时间后的磨面形貌的动态变化，其变化规律与 Mn12-1.2C(SR) 钢类似。但不同的是磨面凿坑和切痕明显变浅，整个磨面较为平滑。当磨损 5min 时，在磨料和冲击载荷的反复作用下，磨面上形成较浅的凿坑和切痕[图 6-2(a)]，表明此时磨面硬度较低，其磨损机制主要为显微切削＋凿坑变形；当磨损 15min 后，整个磨面较为平滑，并开始出现明显的剥落坑[图 6-2(b)]，表明此时磨面硬度较高，其磨损机制为显微切削＋浅小凿坑＋轻微疲劳剥落；随着磨损时间的延长[图 6-2(c),(d)]，剥落坑数量增多，尺寸增大，整个磨面显示出较高的硬度和脆性，其磨损机制主要为显微切削＋疲劳剥落；当磨损 30min 后，磨面形貌已无显著变化，表明 Mn6-0.8C (SR) 钢比 Mn12-0.8C(SR) 钢能更快地进入稳态磨损阶段，这是 Mn6-0.8C (SR) 钢加工硬化能力更高的表现。

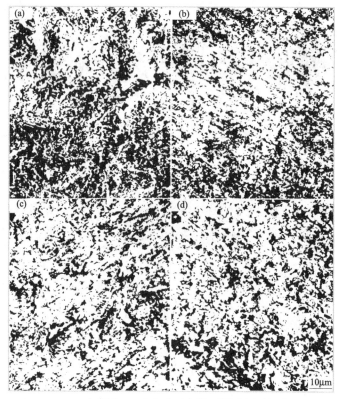

图 6-2　Mn6-0.8C(SR) 钢在 1J 冲击功下磨损不同时间后的磨面形貌 (SEM)

(a)—5min；(b)—15min；(c)—30min；(d)—60min

6.3　磨损表层硬度的动态变化

　　变质锰钢在 1J 冲击功下磨损不同时间后的表层硬度分布如图 6-3 所示。对比看出不同成分的变质锰钢均存在一个硬化层，硬化层中的磨面处硬度最高，随着与磨面距离的增大，硬度逐渐降低至原始硬度；随着磨损时间的延长，硬化层的硬度升高，但硬度升高幅度不断减小，逐渐达到稳态磨损的饱和硬度；随着锰含量的降低，硬化层深度变浅，硬度值增大，达到稳态磨损饱和硬度所需要的时间缩短。这些结果与磨面形貌的变化规律相吻合，证明锰钢的加工硬化能力随锰含量的降低而提高。

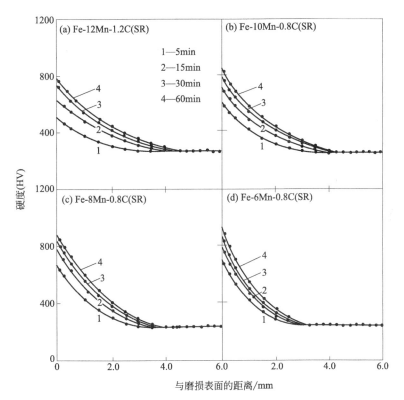

图 6-3　变质锰钢在 1J 冲击功下磨损不同时间后的表层硬度分布

6.4 磨损表层组织结构的动态变化

Mn12-1.2C(SR) 钢在 1J 冲击功下磨损不同时间后的表层组织变化如图 6-4 所示。当磨损 5min 后，表层组织中滑移线细而少，磨面上存在较深的凿坑 [图 6-4(a)]；当磨损 15min 后，表层组织中出现了粗而多的交叉滑移痕迹，磨面上凿坑深度明显变浅[图 6-4(b)]；当磨损 30min 和 60min 后，变形层逐渐加厚，滑移痕迹的密度增大，且相互交叉形成滑移网格[图 6-4(c),(d)]，表明表层金属发生了较大的变形。

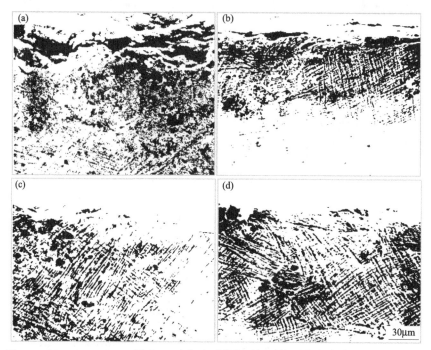

图 6-4 Mn12-1.2C(SR) 钢在 1J 冲击功下磨损不同时间后的表层组织结构 (SEM)
(a)—5min；(b)—15min；(c)—30min；(d)—60min

图 6-5 所示的 X 射线衍射结果表明，Mn12-1.2C(SR) 钢在 1J 冲击功下磨损不同时间后，表层组织中始终没有出现形变诱发马氏体的衍射峰，但随着磨损时间的延长，奥氏体 γ(111) 面的衍射峰逐渐降低，这是表层金属变形程度增大的反映。由于表层金属发生了显著的加工硬化（图 6-3），但变形组织中又未出现形变诱发马氏体，证明 Mn12-1.2C(SR) 钢加工硬化并非形变诱发马氏体所致。

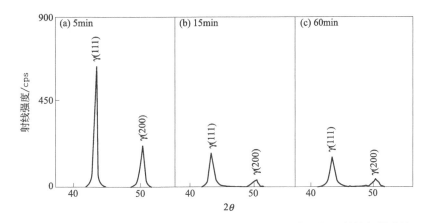

图 6-5　Mn12-1.2C(SR)钢在 1J 冲击功下磨损不同时间后磨面的 X 射线衍射谱线（1J）

由图 6-6 可见，Mn12-1.2C(SR) 钢磨损表层组织中存在大量不均匀分布的

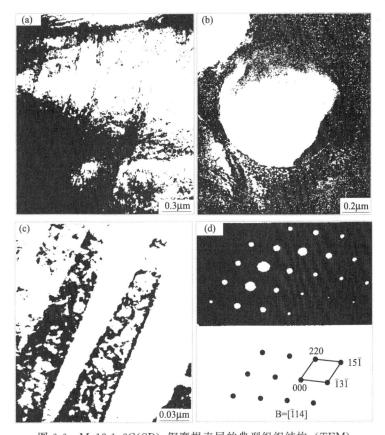

图 6-6　Mn12-1.2C(SR) 钢磨损表层的典型组织结构（TEM）

(a)—位错组态；(b)—碳化物颗粒阻碍位错；(c)—条状物的亚结构；(d)—条状物衍射斑点标定结果

位错，有的位错区呈条带状结构并相互交叉分布[图6-6(a)]，这是多系滑移的结果；在碳化物质点周围聚集着高密度的位错[图6-6(b)]，表明碳化物质点对位错具有强烈的阻碍作用；另外，在变形组织中还出现了许多变形条带，经高倍放大后发现条带内形成胞状亚结构[图6-6(c)]，电子衍射及其标定结果证明变形条带为面心立方结构[图6-6(d)]，说明仍为奥氏体相，它是由滑移造成的条状高密度位错区。

Mn6-0.8C(SR) 钢在1J冲击功下磨损不同时间后表层的组织结构如图6-7所示。当磨损5min后，变形层较浅，滑移痕迹细而少，磨面较为平整，未出现大而深的凿坑[图6-7(a)]；当磨损15min后，表层金属的变形程度加剧，滑移痕迹增多变粗，且与磨面呈现一定角度，但其交叉现象较轻[图6-7(b)]；当磨损30min后，表层金属的变形程度进一步加剧，滑移痕迹显著增多，变形层明显变深，磨面出现了明显的剥落现象，显示出较高的脆性[图6-7(c)]；当磨损60min后，滑移痕迹显著变粗，且趋于与磨面平行，亚表层出现裂纹，脆化现象严重[图6-7(d)]。

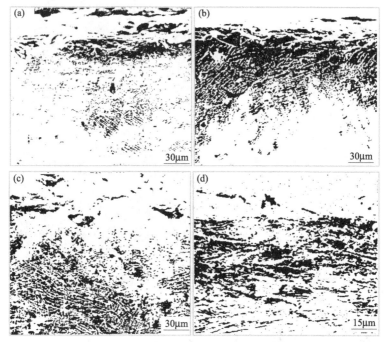

图6-7 Mn6-0.8C(SR) 钢在1J冲击功下磨损不同时间后的表层组织结构 (SEM)

(a)—5min；(b)—15min；(c)—30min；(d)—60min

X射线衍射结果表明 (图6-8)，Mn6-0.8C(SR) 钢在磨损5min后，磨面的X射线衍射谱线中便出现了 ε (0002) 和 α' (110) 的衍射峰，且随着磨损时间的延长，γ (111) 衍射峰高度降低，ε (0002) 和 α′ (110) 衍射峰高度增高，据此可以认为变形层中形成了形变诱发的 ε 马氏体和 α′ 马氏体。沿滑移痕迹形成的 ε 和 α′ 马氏体对相交滑移系的启动有强烈的阻滞作用，因而滑移线交叉现象很轻，加工硬化能力和耐磨性得到提高；但由于位错在形变诱发马氏体处塞积，易造成高度应力集中，裂纹很容易在形变诱发马氏体和奥氏体的界面处产生 [图 6-7 (d)]，从而促进表层金属的脆化和早期疲劳剥落的发生，对耐磨性又会产生不利的影响。Mn6-0.8C(SR) 钢的耐磨性表现行为正是上述相互矛盾的两个方面彼此消长的结果。

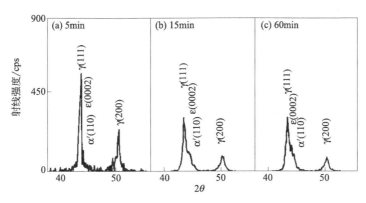

图 6-8　变质 Mn6-0.8C 钢磨损表面的 X 射线衍射谱线 (1J)

由图 6-9 所示的 Mn6-0.8C(SR) 钢磨损亚表层的典型组织结构照片可见，除形成了大量的位错外 [图 6-9(a),(b)]，还形成了较多的条带状 ε 马氏体和 α′ 马氏体 [图 6-9(c),(d)]。图 6-9(d) 是在长条状 ε 马氏体中形成 α′ 马氏体的典型组织形貌，可见 α′ 马氏体较为细小，且界面不规则。

X 射线衍射和透射电镜观察结果证明，在 Mn8-0.8C(SR)（图 6-10 和图 6-11）和 Mn10-0.8C(SR)（图 6-12 和图 6-13）钢的磨损表层组织中均有形变诱发马氏体形成。对 Mn8-0.8C(SR) 钢形变诱发马氏体区所进行的 TEM 能谱分析结果证明，形变诱发马氏体处贫锰，而奥氏体处富锰。这是由于贫锰处 Fe-Mn-C 原子团少，γ→α′ 晶格重构的阻力小，因此形变诱发马氏体将优先在贫 C-Mn 区或无 C-Mn 区形成。碳及锰含量较低的奥氏体锰钢容易产生形变诱发马氏体相变正是这一规律的具体表现。

不同成分的变质锰钢动态磨料磨损过程中形变诱发马氏体的定量分析结果如表 6-1 所示。由此可见，除 Mn12-1.2C(SR) 钢没有形变诱发马氏体形成以外，其他三种碳及锰含量较低的变质奥氏体锰钢磨损表层中均有形变诱发马氏体形成，且其量随锰含量的降低而增多。在磨损 5min 后形变诱发马氏体量较少，而

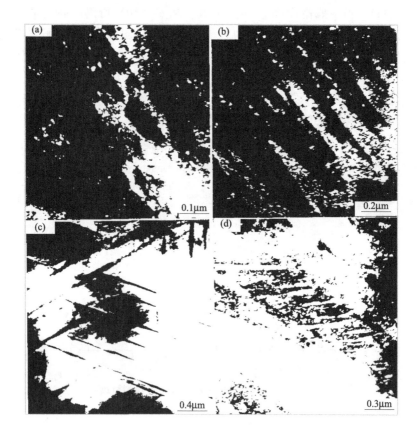

图 6-9 Mn6-0.8C(SR) 钢磨损亚表层的典型组织结构 （TEM）

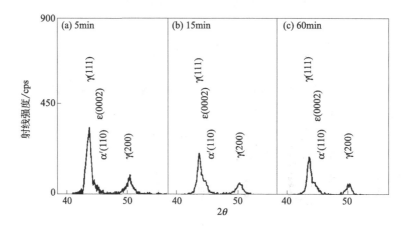

图 6-10 Mn8-0.8C(SR) 钢磨损表面的 X 射线衍射谱线 （1J）

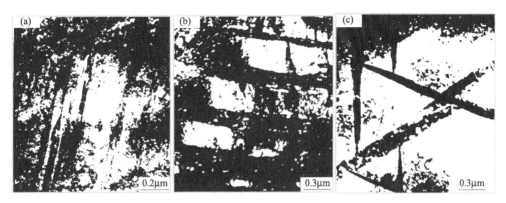

图 6-11　Mn8-0.8C(SR) 钢磨损表层中的形变诱发马氏体典型形貌 （TEM）

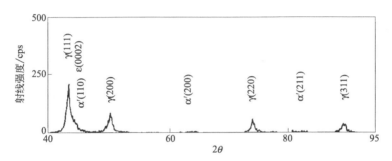

图 6-12　Mn10-0.8C(SR) 钢磨面的 X 射线衍射谱线 （1J）

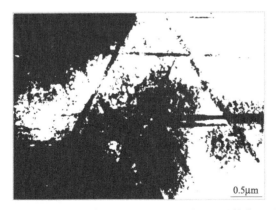

图 6-13　Mn10-0.8C(SR) 钢磨损表层中的形变诱发马氏体典型形貌 （TEM）

磨损 15min 后其量大幅度增加，继续延长磨损时间，其量增加幅度越来越小，说明逐渐接近或进入稳态磨损阶段。

103

表 6-1　变质锰钢动态磨损过程中形变诱发马氏体（ε 和 α′）的定量分析结果

（%）

钢种	冲击磨料磨损时间			
	5min	15min	30min	60min
Mn6-0.8C(SR)	18.6	27.8	28.3	29.9
Mn8-0.8C(SR)	7.2	18.9	20.6	21.4
Mn10-0.8C(SR)	3.7	7.9	11.0	12.1
Mn12-1.2C(SR)	0	0	0	0

　　综上所述，变质奥氏体锰钢在磨料磨损过程中存在着表层金属的动态硬化过程（图 6-3），磨面形貌的变化（图 6-1 和图 6-2）是由磨面硬度变化决定的。而磨面硬度的变化是由磨面组织结构的变化造成的（图 6-4～图 6-13）。变质稳定奥氏体锰钢的硬化主要是由位错与 Fe-Mn-C 原子团偏聚区及碳化物质点的交互作用所致；而变质介稳奥氏体锰钢的硬化除此以外，还与形变诱发马氏体的形成有重要关系。磨损表层金属的硬化有利于提高磨面抵抗磨料切削和凿入的能力，对耐磨性产生有利的影响。但在磨面发生硬化的同时，还存在磨损表层金属的脆化过程。变质稳定奥氏体锰钢磨损表层金属的脆化主要是由位错与 Fe-Mn-C 原子团偏聚区和碳化物质点的交互作用所形成的高密度位错所致；而变质介稳奥氏体锰钢的脆化主要是由形变诱发马氏体的形成所致。磨损表层金属的脆化将会加剧磨面的疲劳剥落磨损，从而对耐磨性产生不利的影响。在不同磨损条件下，同一材料的耐磨性表现行为之所以不同，正是上述两个矛盾方面交互作用的结果。但本研究证明，在非强烈冲击磨料磨损条件下，在磨损表层组织中形成适量的形变诱发马氏体有利于耐磨性的提高；而在强烈冲击磨料磨损条件下，大量形变诱发马氏体的形成对耐磨性不利。

6.5　磨损条件对变质锰钢耐磨性的影响

　　图 6-14 汇总了变质系列锰钢的耐磨性与磨面硬度、磨面组织、主要磨损机理及磨损冲击功之间的关系。根据磨损冲击功的大小和耐磨性之间的对应关系，可将每个钢种的磨损冲击功分成Ⅰ、Ⅱ、Ⅲ三个区域。在Ⅰ区，随着冲击功的增大，磨面硬度和耐磨性同时提高，但由于冲击功相对较小，磨面处于硬化阶段，硬度较低，其主要磨损机理为显微切削＋凿坑变形[图 5-14(a)]，对应着较低的耐磨性。在Ⅱ区，由于磨损冲击功较大，磨面组织发生了较大的变化，变质稳定奥氏体锰钢中形成了大量滑移线（图 6-4），产生了较高密度的位错[图 6-6(a)]；

变质介稳奥氏体锰钢中形成了不同量的形变诱发马氏体（表 6-1），从而使磨面发生了较充分的加工硬化，此时的主要磨损机理为显微切削＋浅小凿坑＋轻微剥落，对应着最高的耐磨性。在Ⅲ区，由于磨损冲击功很大，磨面金属发生了严重变形，奥氏体晶粒被压扁，晶界、滑移线、相界和形变诱发马氏体趋向与磨面平行的方向分布（图 6-15），此时磨面发生了高度硬化的同时，亦发生了严重的脆化，在高冲击载荷和磨料的反复作用下，极易在奥氏体晶界[图 6-15(a)]、晶界碳化物[图 6-15(b)]、晶界夹杂物[图 6-15(c)]、疏松或缩孔[图 6-15(d)]、滑移线[图 6-15(e)]和形变诱发马氏体与奥氏体相界[图 6-15(f)]等处产生裂纹并扩展，从而导致疲劳剥落的发生，使耐磨性急剧下降（图 6-14）。由于这是一个严重变形以及裂纹产生、扩展和相连的过程，具有积累变形和应力疲劳的特点，因此可称之为积累变形疲劳剥落磨损机制，这是在高冲击功条件下韧性材料磨损的主要机制。

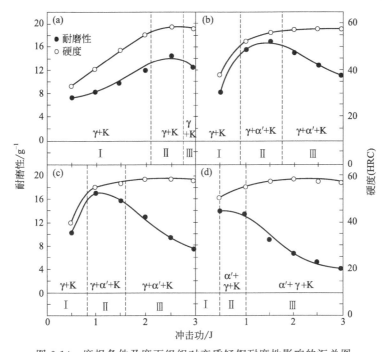

图 6-14　磨损条件及磨面组织对变质锰钢耐磨性影响的汇总图
（a）—Mn12-1.2C(SR)；（b）—Mn10-0.8C(SR)；（c）—Mn8-0.8C(SR)；（d）—Mn6-0.8C(SR)

在图 6-14 中，比较不同锰钢的耐磨性与磨损冲击功之间的对应关系还可看出，随着锰含量的降低，耐磨性最高区（Ⅱ）所处的位置向低冲击功方向移动，与此同时Ⅰ区缩小、Ⅲ区扩大。这表明锰含量的降低有利于促进锰钢磨面的加工硬化，同时也更容易导致疲劳剥落的发生，这无疑是由形变诱发马氏体的形成及其量的增多造成冲击韧性的降低所致。另外，不同锰钢的最高耐磨性区（Ⅱ）并不对应着最高硬度区，而是对应着低于最高硬度区的近饱和硬度区。这是因为在近饱和硬度区，磨面不仅具有较高的硬度，而且具有足够的冲击韧性，此时切削、凿坑和疲劳剥落磨损量都较少，因而耐磨性最高；而在饱和硬度区，磨面硬度虽高，但冲击韧性损耗很大，脆化严重，导致大量疲劳剥落磨损，从而使耐磨性显著降低。

由此可见，就锰钢而言并非磨损冲击功越大、磨面硬度越高，其耐磨性越好，而是存在一个"最佳磨面硬度范围"。"最佳磨面硬度范围"的上限可称为上门槛硬度，下限可称为下门槛硬度，分别定义在耐磨性和磨损冲击功关系曲线的上升和下降时的拐点所对应的磨面硬度处。与上门槛硬度和下门槛硬度相对应的磨损冲击功范围可称为"适配冲击功范围"，其上、下限分别称为上门槛冲击功和下门槛冲击功。在"最佳磨面硬度范围"和"适配冲击功范围"内，磨面由于具有较高硬度和足够冲击韧性的合理配合，磨损量最小，耐磨性最高。不同钢种的"最佳磨面硬度范围"和"适配冲击功范围"不同，而同一钢种的"最佳磨面硬度范围"和"适配冲击功范围"相对比较固定。因此，在工况一定时，应选择处于"最佳磨面硬度范围"的耐磨材料；而在材料一定时，应选择处于"适配冲击功范围"的工况。可以此作为"合理选材，恰当用材"的基本原则。

6.6　本章小结

① 变质系列锰钢在磨料磨损过程中，磨面同时存在硬化与脆化两种性能的动态变化，但进入稳态磨损阶段后，磨面硬度变化很小。随着锰含量的降低，进入稳态磨损所需要的时间变短，磨面硬度提高。

② 变质系列锰钢在磨料磨损过程中，表层组织发生着一系列动态变化。随着磨损时间的延长，滑移线数量增多，位错密度增大，介稳奥氏体锰钢中出现形变诱发马氏体，且其量随锰含量的降低而增加。

③ 在变质介稳奥氏体锰钢的磨损表层组织中有 ε 和 α' 两类形变诱发马氏体形成，并在透射电镜下直接观察到了在 ε 马氏体条中形成 α' 马氏体的典型形貌。

④ 变质系列锰钢耐磨性提高的原因主要是：奥氏体基体中弥散分布的碳化物质点可有效地阻滞滑移系的启动和阻碍位错的运动，提高了钢的加工硬化能力，增强了磨面抵抗磨料切削和凿坑变形的能力；变质使锰钢奥氏体晶粒细化，

夹杂物球化，冲击韧性提高，Fe-Mn-C 原子团分布更加均匀，从而提高了磨面抗疲劳剥落的能力；介稳奥氏体锰钢中适量形变诱发马氏体的形成提高了磨面的硬度，使显微切削和凿坑变形磨损量减少，因而耐磨性提高。

⑤ 根据耐磨性与磨面硬度、组织、磨损机理及冲击功之间的关系，提出了"最佳磨面硬度范围"和"适配冲击功范围"两个新概念。在该范围内，材料磨面具有较高硬度和足够冲击韧性的合理配合，因而能获得高的耐磨性。

第7章 变质锰钢宏观特性的微观机制研究

高锰钢具有如下宏观特性：极高的奥氏体稳定性（M_s 点温度低于 $-196℃$）；低的原始硬度（$200\sim250$HB）；异常高的冲击韧性（$a_k=150\sim300$J/cm^2）；高的伸长率（$\delta_5\geqslant35\%$）；无与伦比的加工硬化能力（加工硬化指数高达 0.45 以上；优异的抗冲击磨料磨损性能；$\sigma\text{-}\varepsilon$ 曲线上无明显屈服点；$\sigma\text{-}\varepsilon$ 曲线上出现锯齿现象；等等。但迄今为止，有关该钢中 C-Mn 偏聚及其 TEM 原位动态拉伸变形行为的研究报道极少，对其宏观特性的形成机制尚存分歧。为此，本章将采用 TEM 薄膜原位动态拉伸等实验手段，结合价电子结构理论计算，研究其微观结构及动态变形行为，试图从电子和原子层次上揭示其微观原因。

7.1 实验材料与方法

（1）实验材料

实验材料与试样制备方法同本书"3.1 实验材料与方法"。

（2）理论计算

采用价电子结构理论计算、原子外层电子结构分析，确定晶体内各类原子的杂化状态和晶体的价电子结构，进而分析 C、Mn、Fe 等合金元素原子在锰钢奥氏体中的分布状态。

（3）实验研究

用光学显微镜观察分析试样磨损亚表层的显微组织。金相分析试样采用 3% 的硝酸乙醇溶液腐蚀后，再用 15% 的盐酸乙醇溶液冲蚀。

用日本产 JCXA-733 型电子探针对试样微区成分进行线扫分析，以了解不同合金元素原子在试样组织中的分布特征。试样尺寸为 $\phi 10mm \times 10mm$。所选取的线扫长度为 $230\mu m$，扫描时间为 900s，加速电压为 12kV。

用日本产 H-800 透射电子显微镜进行磨损试样亚表层的微观组织结构观察分析，并配合 EDAX9900 型 X 射线能谱仪对试样表面进行从左到右、从上到下的连续线扫成分分析，以确定合金元素原子在试样组织中的平面分布特征，其加速电压为 200kV。

7.2 固体与分子经验电子理论简介

余瑞璜在鲍林（Pauling）理论的基础上发展了一个"固体与分子经验电子理论"（简称余氏理论）。这个理论以确定晶体内各类原子的杂化状态为基础，描述晶体的价电子结构。原子的杂化状态给定了原子的共价电子数、晶格电子数、磁电子数、哑对电子数等，由此可以确定已知晶体中的键络。固溶体中原子之间是通过其外层及次外层电子之间的杂化形成键络而结合在一起的。因此，分析固体材料的价电子结构信息，有助于从电子层次上揭示其成分、结构、性能以及相变之间的内在关系。

在余氏理论中，键距差（BLD，Bond Length Difference）分析法是计算固体和分子价电子结构的基本方法，它是以鲍林研究得到的公式（7-1）为依据而提出的。

$$D_{uv}(n_\alpha) = R_u(I) + R_v(I) - \beta lgn_\alpha \tag{7-1}$$

式中，$D_{uv}(n_\alpha)$ 为成键的两个原子 U、V 之间的共价键距；$R_u(I)$、$R_v(I)$ 分别为成键两原子各自的单键半距，该值由专用表可以查得；n_α 为成键的两个原子之间的共价电子对数；β 为常数。当 n_α 中的最大值 $n_\alpha^M < 0.250$ 或 $n_\alpha^M > 0.750$ 时，$\beta = 0.710\text{Å}$；当 $0.300 \leqslant n_\alpha^M \leqslant 0.700$ 时，$\beta = 0.600\text{Å}$。键距差分析法中假设晶体的结构单元内有 A，B，C，……共 N 种共价键距，将它们按键距由短到长的顺序排列起来，并标记为 D_{n_A}，D_{n_B}，…，D_{n_N}。各对应键上的共价电子对数标记为 n_A，n_B，…，n_N，则可得到下列 N 个共价键的键距方程式：

$$D_{n_A} = R_u(I) + R_v(I) - \beta lgn_A$$
$$D_{n_B} = R_w(I) + R_x(I) - \beta lgn_B$$
$$\cdots\cdots$$
$$D_{n_N} = R_y(I) + R_z(I) - \beta lgn_N \tag{7-2}$$

然后把 D_{n_A} 的两端分别和 D_{n_B}，…，D_{n_N} 各方程的两端对应相减则有：

$$\lg\gamma_B=\lg n_B/n_A=\Delta AB+\delta_{wu}+\delta_{xv} \tag{7-3}$$

其中，$\Delta AB=(D_{n_A}-D_{n_B})/\beta$

$$\delta_{wu}=[R_w(\text{I})-R_u(\text{I})]/\beta \tag{7-4}$$
$$\delta_{xv}=[R_x(\text{I})-R_v(\text{I})]/\beta$$

同理，对 D_{n_α} 与 D_{n_A} 之差的方程式为：

$$\lg\gamma_\alpha=\lg n_\alpha/n_A=\Delta AB+\delta_{mu}+\delta_{nv} \tag{7-5}$$

这样对 N 个共价键就建立了 $N-1$ 个方程式，称之为 $\lg\gamma_\alpha$ 方程式组。但要解出该方程组，还需要再补充一个方程式。

在一级近似下可设想晶体结构单元内包含的全部共价电子都被分配在该结构单元内不可忽略的共价键上，这样在结构单元内全部（不可忽略的）共价键上的共价电子数之和就等于该结构单元内包含的共价电子数，即

$$\sum n_C=n_A\sum I_\alpha\gamma_\alpha$$
$$\text{或 } n_A=\sum n_C/\sum I_\alpha\gamma_\alpha \tag{7-6}$$

式(7-6) 称为 n_α 方程。

式中，$\sum n_C$ 为结构单元内所包含的共价电子总数；I_α 为等同键数，其值为 $I_\alpha=I_m\cdot I_s\cdot I_k$。$I_m$ 表示在一个结构单元内包含的参考原子的数目；I_s 表示对于一个原子来说所形成的 α 键的等同键的数目；I_k 为成键原子异同引起的的多重性参数，当成键原子为同类原子时，$I_k=1$，当成键原子为异类原子时，$I_k=2$。

这样将 n_α 方程与前面给出的 $N-1$ 个 $\lg\gamma_\alpha$ 方程联立，可在设定各原子杂阶的前提下解出 N 个待求的 n_α 值。然后再将这 N 个 n_α 值分别代入 N 个键距方程中去，即可求出一组（N 个）理论键距 D_{n_A}，D_{n_B}，……的值。将理论键距 D_{n_α} 分别与相应的各实验键距 $\overline{D}_{n_\alpha}$ 比较，当 $\Delta D_{n_\alpha}=|D_{n_\alpha}-\overline{D}_{n_\alpha}|\leqslant0.05$ 时，便可认为理论键距与实验键距是一致的。否则应重新选择杂阶，并重复上述的计算过程直到满足 $\Delta D_{n_\alpha}\leqslant0.05$ 为止。

刘志林等将余氏理论应用于金属材料中固溶体的价电子结构信息的计算，用原子间共价电子对数 n_α 值的大小来衡量原子间的结合力大小，认为 n_α 值越大则说明该原子间的结合力越强，偏聚倾向越大，越易呈短程有序分布，且短程有序区对相变的阻力越大；由含碳晶胞中所有与碳原子成键的共价电子对的总数 n_c^D 值的大小代表碳原子在相变期间扩散的难易程度，认为 n_c^D 值越大，则说明碳原子扩散越困难。

7.3　锰钢奥氏体的微观结构

7.3.1　锰钢奥氏体中 C-Mn 原子的偏聚

根据固溶体理论可知，锰钢奥氏体是由置换型溶质原子 Mn 和间隙型溶质原子 C 溶入面心立方结构的 γ-Fe 而形成的 Fe-Mn-C 合金固溶体。近代固溶体的微观不均匀性理论指出，当异类原子（AB）间的结合力大于同类原子（AA，BB）间的结合力时，溶质原子 B 在点阵中的位置将倾向于按一定规则呈有规律分布。这种规则分布可在短距离范围内存在，称为短程有序结构。当异类原子间的结合力大于同类原子间的结合力，且溶质原子浓度达到一定原子分数时，则可能形成完全有序结构。

在每个锰钢奥氏体晶胞中含有 4 个八面体间隙，1 个角顶原子和 3 个面心原子。根据表 7-1 的计算结果，在 Mn12-1.2C 的合金奥氏体中，平均每个奥氏体晶胞中约含有 0.2571 个 C 原子和 0.5621 个 Mn 原子，亦即平均约 3～4 个奥氏体晶胞中含有 1 个 C 原子，约 2 个奥氏体晶胞中含有 1 个 Mn 原子。而且随着 Mn 含量的降低，每个奥氏体晶胞中 C 和 Mn 原子的平均含量均有所降低。穆斯堡尔谱测定结果证明，其中无 C 奥氏体占 65％，含 C 奥氏体占 35％，计算和实测结果基本吻合。因此，在所研究的 C、Mn 含量范围内，锰钢奥氏体中不可能形成完全有序结构。

表 7-1　锰钢奥氏体晶胞中碳和锰原子的平均含量

钢　种	Fe 含量/at%	Mn 含量/at%	C 含量/at%	Fe/C	Fe/Mn
Mn12-1.2C	82.9994	11.6644	5.3353	4/0.2571	4/0.5621
Mn10-1.2C	84.9390	9.7235	5.3370	4/0.2513	4/0.4579
Mn8-1.2C	86.8799	7.7813	5.3387	4/0.2458	4/0.3583
Mn6-1.2C	88.8220	5.8378	5.3404	4/0.2405	4/0.2629

锰钢奥氏体中能否形成短程有序结构，只要证明异类原子之间的结合力与同类原子之间的结合力相对大小即可得到答案。根据表 7-1 的计算结果可以认为：在 Fe-Mn-C 钢奥氏体中存在不含 C 晶胞、含 C 晶胞和含 C-Mn 晶胞，三种晶胞的结构模型如图 7-1 所示。C 原子位于面心立方结构奥氏体的八面体间隙中心位置。Fe 原子分别占据着两种等效位置：Fe^f 位于六面体面的中心；Fe^c 位于六面体的顶角。根据 Fe^c 态的哑对电子对 Mn 原子的排斥作用和 C 原子对共价电子的需求，置换 Fe 原子的 Mn 原子应位于六面体面的中心位置。

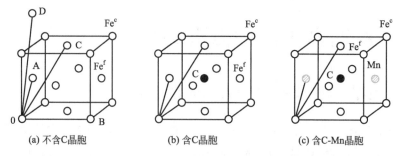

(a) 不含C晶胞　　　　　(b) 含C晶胞　　　　　(c) 含C-Mn晶胞

图 7-1　锰钢奥氏体中晶胞的结构模型

利用余瑞璜的固体与分子经验电子理论可以计算出不同类型的奥氏体晶胞中表征原子间结合力大小的价电子结构参数 n_α 值。根据图 7-1 所示的奥氏体晶胞结构模型，采用计算机求得的不同碳含量的 Mn8 钢中各种晶胞的价电子结构参数 n_α 值如表 7-2～表 7-8 所示。

表 7-9 给出了不同晶胞的价电子结构参数 n_α 值中的最大值 n_A 的汇总结果。比较可见，在所有原子组合当中，C-Mn 原子间的结合力（$n_A^{C-Mn} = 1.3144\sim 1.4357$）远大于 C-Fe^f（$n_A^{C-Fef} = 0.9250\sim 0.9600$）和 Fe^c-Fe^f（$n_A^{Fe^c-Fe^f} = 0.3299$）原子之间的结合力。由此从理论上证明了在锰钢奥氏体中存在着 C-Mn 原子的偏聚。合金固溶体中 C-Me 原子的偏聚已被电子探针、穆斯堡尔谱和内耗等许多实验结果所证实。

表 7-2　无碳奥氏体晶胞的价电子结构计算结果

a_c/Å	σ	n_c	$R_{(I)}$/Å
3.5602	B11	4.0020	1.1343
$\beta = 0.6000$			

键　名	I_α	D_{n_α}/Å	$\overline{D}_{n_\alpha}$/Å	n_α	ΔD_{n_α}/Å
$D_{n_A}^{O-A}$	12	2.5147	2.5576	0.3299	0.0402
$D_{n_B}^{O-B}$	6	3.5602	3.6003	0.0060	0.0401
$D_{n_C}^{O-C}$	24	4.3603	4.4004	0.0003	0.0401
$D_{n_D}^{O-D}$	24	5.6292	5.6698	2.1×10^{-6}	0.0406
$\sum n_c = 44.0020$		$\sum I_r = 12.1303$			

注：$1\text{Å} = 10^{-10}\text{m}$，余同。

表 7-3　含碳奥氏体晶胞的价电子结构计算结果（C 质量分数为 0.8%，Mn 质量分数为 8%）

A_c:3.6269	Fe^c	Fe^f	C
a_o:3.5602Å	σ:B13	σ:B14	σ:6
a_c:3.5912Å	n_c^{13}:4.4610	n_c^{14}:4.7142	n_c^6:4.0000
a:3.7554Å	$R_{(I)}^{13}$:1.2220Å	$R_{(I)}^{14}$:1.1153Å	$R_{(I)}^6$:0.7630Å
$\beta = 0.7100$			

续表

键　名	I_α	$D_{n_\alpha}/\text{Å}$	$\overline{D}_{n_\alpha}/\text{Å}$	n_α	$\Delta D_{n_\alpha}/\text{Å}$
$D_{n_A}^{\text{C-Fe}^f}$	12	1.8832	1.8923	0.9250	0.0191
$D_{n_B}^{\text{Fe}^c\text{-Fe}^f}$	24	2.6632	2.6824	0.2361	0.0191
$D_{n_C}^{\text{Fe}^f\text{-Fe}^f}$	24	2.6824	2.6824	0.2311	0.0191
$D_{n_D}^{\text{C-Fe}^c}$	16	0.2809	0.2809	0.0108	0.0191
$D_{n_E}^{\text{Fe}^c\text{-Fe}^c}$	6	3.7855	3.7855	0.0067	0.0191
$D_{n_F}^{\text{Fe}^f\text{-Fe}^f}$	6	3.7855	3.7855	0.0065	0.0191
		$\sum n_c = 22.6036$		$\sum I_r = 24.4354$	

表 7-4　含 C-Mn 奥氏体晶胞的价电子结构计算结果（C 质量分数为 0.8%，Mn 质量分数为 8%）

A_c:3.6269	a_o:3.5602Å	a:3.5912Å	a_c:3.7664Å
Fe^c	Fe^f	C	Mn
σ:B16	σ:B17	σ:6	σ:B11
$R_{(\text{I})}^{16}$:1.0852Å	$R_{(\text{I})}^{17}$:1.0832Å	$R_{(\text{I})}^{6}$:0.7630Å	$R_{(\text{I})}^{11}$:1.217Å
$\beta=0.7100$			

键　名	I_α	$D_{n_\alpha}/\text{Å}$	$\overline{D}_{n_\alpha}/\text{Å}$	n_α	$\Delta D_{n_\alpha}/\text{Å}$
$D_{n_A}^{\text{C-Mn}}$	4	1.8832	1.8686	1.4357	0.0145
$D_{n_B}^{\text{C-Fe}^f}$	8	1.8832	1.8686	0.9300	0.0145
$D_{n_C}^{\text{Fe}^f\text{-Fe}^c}$	16	2.6632	2.6487	0.2099	0.0145
$D_{n_D}^{\text{Fe}^c\text{-Mn}}$	8	2.6632	2.6487	0.3253	0.0145
$D_{n_E}^{\text{Fe}^f\text{-Fe}^f}$	8	2.6632	2.6487	0.2094	0.0145
$D_{n_F}^{\text{Fe}^f\text{-Mn}}$	16	2.6632	2.6487	0.3232	0.0145
$D_{n_G}^{\text{C-Fe}^c}$	16	3.2618	3.2473	0.0107	0.0145
$D_{n_H}^{\text{Fe}^c\text{-Fe}^c}$	6	3.7664	3.7519	0.0059	0.0145
$D_{n_I}^{\text{Fe}^f\text{-Fe}^f}$	8	3.7664	3.7519	0.0058	0.0145
$D_{n_J}^{\text{Mn-Mn}}$	4	3.7664	3.7519	0.0139	0.0145
		$\sum n_c = 23.9030$		$\sum I_r = 16.6490$	

表 7-5　含碳奥氏体晶胞的价电子结构计算结果（C 质量分数为 1.2%，Mn 质量分数为 8%）

A_c:5.3639	Fe^c	Fe^f	C
a_o:3.7766Å	σ:B13	σ:B14	σ:6
a_c:3.5602Å	n_c^{13}:4.4610	n_c^{14}:4.7142	n_c^{6}:4.0000
a:3.6093Å	$R_{(\text{I})}^{13}$:1.2220Å	$R_{(\text{I})}^{14}$:1.1153	$R_{(\text{I})}^{6}$:0.7630Å
$\beta=0.7100$			

键　名	I_α	$D_{n_\alpha}/\text{Å}$	$\overline{D}{n_\alpha}/\text{Å}$	n_α	$\Delta D_{n_\alpha}/\text{Å}$
$D_{n_A}^{\text{C-Fe}^f}$	12	1.8883	1.8976	0.9391	0.0094
$D_{n_B}^{\text{Fe}^c\text{-Fe}^f}$	24	2.6705	2.6799	0.2380	0.0094
$D_{n_C}^{\text{Fe}^f\text{-Fe}^f}$	24	2.6705	2.6799	0.2397	0.0094
$D_{n_D}^{\text{C-Fe}^c}$	16	3.2706	3.2812	0.0403	0.0094
$D_{n_E}^{\text{Fe}^c\text{-Fe}^c}$	6	3.7766	3.7863	0.0067	0.0094
$D_{n_F}^{\text{Fe}^f\text{-Fe}^f}$	6	3.7766	3.7863	0.0064	0.0094
		$\sum n_c = 22.6036$		$\sum I_r = 24.0694$	

表7-6 含C-Mn奥氏体晶胞的价电子结构计算结果 (C质量分数为1.2%，Mn质量分数为8%)

A_c:5.3639	a_o:3.5602Å	a:3.6093Å	a_c:3.7766Å
Fe^c	Fe^f	C	Mn
σ:B14	σ:B17	σ:6	σ:B12
$R_{(I)}^{14}$:1.0842Å	$R_{(I)}^{17}$:1.0832Å	$R_{(I)}^{6}$:0.7630Å	$R_{(I)}^{12}$:1.221Å

$$\beta=0.7100$$

键 名	I_α	D_{n_α}/Å	$\bar{D}_{n_\alpha}$/Å	n_α	ΔD_{n_α}/Å
$D_{n_A}^{C-Mn}$	4	1.8883	1.8998	1.3144	0.0115
$D_{n_B}^{C-Fe^f}$	8	1.8883	1.8998	0.8404	0.0115
$D_{n_C}^{Fe^c-Fe^f}$	16	2.6705	2.6820	0.2085	0.0115
$D_{n_D}^{C-Mn}$	8	2.6705	2.6820	0.2938	0.0115
$D_{n_E}^{Fe^f-Fe^f}$	8	2.6705	2.6820	0.1878	0.0115
$D_{n_F}^{Fe^f-Mn}$	16	2.6705	2.6820	0.2938	0.0115
$D_{n_G}^{C-Fe^c}$	16	3.2706	3.2821	0.0105	0.0115
$D_{n_H}^{Fe^f-Fe^f}$	6	3.7766	3.7881	0.0052	0.0115
$D_{n_I}^{Fe^c-Fe^c}$	8	3.7766	3.7881	0.0064	0.0115
$D_{n_J}^{Mn-Mn}$	4	3.7766	3.7881	0.0127	0.0115

$$\sum n_c=22.6409 \qquad \sum I_r=17.2253$$

表7-7 含碳奥氏体晶胞的价电子结构计算结果 (C质量分数为1.6%，Mn质量分数为8%)

A_c:7.0529	Fe^c	Fe^f	C
a_o:3.6273Å	σ:B13	σ:B14	σ:6
a_c:3.5602Å	n_c^{13}:4.4610	n_c^{14}:4.7142	n_c^{6}:4.0000
a:3.7813Å	$R_{(I)}^{13}$:1.2220Å	$R_{(I)}^{14}$:1.1153Å	$R_{(I)}^{6}$:0.7630Å

$$\beta=0.7100$$

键 名	I_α	D_{n_α}/Å	$\bar{D}_{n_\alpha}$/Å	n_α	ΔD_{n_α}/Å
$D_{n_A}^{C-Fe^f}$	12	1.8906	1.8909	0.9600	0.0003
$D_{n_B}^{Fe^c-Fe^f}$	24	2.6738	2.6741	0.2425	0.0003
$D_{n_C}^{Fe^f-Fe^f}$	24	2.6738	2.6741	0.2373	0.0003
$D_{n_D}^{C-Fe^c}$	16	3.2747	3.2705	0.0110	0.0003
$D_{n_E}^{Fe^c-Fe^c}$	6	3.7813	3.7816	0.0068	0.0003
$D_{n_F}^{Fe^f-Fe^f}$	6	3.7813	3.7816	0.0065	0.0003

$$\sum n_c=22.6036 \qquad \sum I_r=23.5454$$

表7-8 含C-Mn奥氏体晶胞的价电子结构计算结果 (C质量分数为1.6%，Mn质量分数为8%)

A_c:7.0529	a_o:3.5602Å	a:3.6273/Å	a_c:3.7813Å
Fe^c	Fe^f	C	Mn
σ:B15	σ:B18	σ:6	σ:B12
$R_{(I)}^{15}$:1.0978Å	$R_{(I)}^{18}$:1.0810Å	$R_{(I)}^{6}$:0.7630Å	$R_{(D)}^{12}$:1.2211Å

$$\beta=0.7100$$

续表

键　名	I_a	D_{n_a}/Å	$\overline{D}_{n_a}$/Å	n_a	ΔD_{n_a}/Å
$D_{n_A}^{\text{C-Mn}}$	4	1.8907	1.8908	1.3535	0.0001
$D_{n_B}^{\text{C-Fe}^f}$	8	1.8907	1.8908	0.8595	0.0001
$D_{n_C}^{\text{Fe}^f\text{-Fe}^c}$	16	2.6738	2.6739	0.2008	0.0001
$D_{n_D}^{\text{Fe}^f\text{-Mn}}$	8	2.6738	2.6739	0.3562	0.0001
$D_{n_E}^{\text{Fe}^f\text{-Fe}^f}$	8	2.6738	2.6739	0.1901	0.0001
$D_{n_F}^{\text{C-Mn}}$	16	2.6738	2.6739	0.2995	0.0001
$D_{n_G}^{\text{C-Fe}^c}$	16	3.2848	3.2849	0.0008	0.0001
$D_{n_H}^{\text{Fe}^c\text{-Fe}^c}$	6	3.7813	3.7814	0.0058	0.0001
$D_{n_I}^{\text{Fe}^f\text{-Fe}^f}$	8	3.7813	3.7814	0.0052	0.0001
$D_{n_J}^{\text{Mn-Mn}}$	4	3.7813	3.7814	0.0130	0.0001
		$\sum n_c = 23.5998$		$\sum I_r = 17.4361$	

表 7-9　Mn8-C 钢奥氏体中各种结构单元价电子结构的主要数据

碳含量/%(质量分数)	结构单元	原子杂化状态	最强共价键	n_A
0.0	不含 C	$C6,Fe^c 11,Fe^f 11$	$D_{n_A}^{\text{Fe}^c\text{-Fe}^f}$	0.3299
0.8	含 C	$C6,Fe^c 13,Fe^f 14$	$D_{n_A}^{\text{C-Fe}^f}$	0.9250
	含 C-Mn	$C6,Fe^c 16,Fe^f 17,Mn11$	$D_{n_A}^{\text{C-Mn}}$	1.4357
1.2	含 C	$C6,Fe^c 13,Fe^f 14$	$D_{n_A}^{\text{C-Fe}^f}$	0.9391
	含 C-Mn	$C6,Fe^c 14,Fe^f 17,Mn12$	$D_{n_A}^{\text{C-Mn}}$	1.3144
1.6	含 C	$C6,Fe^c 13,Fe^f 14$	$D_{n_A}^{\text{C-Fe}^f}$	0.9600
	含 C-Mn	$C6,Fe^c 15,Fe^f 18,Mn12$	$D_{n_A}^{\text{C-Mn}}$	1.3535

7.3.2　锰钢奥氏体中 C-Mn 原子偏聚区的成分

为了探讨锰钢奥氏体中 C-Mn 原子偏聚区的成分，现对 C、Fe 和 Mn 原子的电子层结构予以分析。C 原子的外层电子结构（稳定态）为 $2s^2 2p^2$，即 2s ↑↓ $2p_x$ ↑ ↓ $2p_y$ ↑ ↓ $2p_z$ ↑ ↓，由于不存在独对电子，且 p_z 轨道全空，因此受热时其 $2s^2$ 电子必然发生跃迁而成为激发态，即 2s ↑ ↓ $2p_x$ ↑ ↓ $2p_y$ ↑ ↓ $2p_z$ ↑ ↓，从而构成 C-sp^3 杂化态势（图 7-2）。跃迁时每个碳原子需耗能 4.17eV，但是激发态比稳定态多 2 个共价键，当形成 C-sp^3 杂化结构的化合物时每个分子可放出 8.15eV 的能量，从而使体系更加稳定。

Fe 原子的外层电子结构为 $3d^6 4s^2$，Mn 原子为 $3d^5 4s^2$。其共同特点是第四主量子层只有 2 个电子，较易失去而成为一价或二价正离子；不同的是 Mn 原子 3d

层为半充满状态，其 $4s^2$ 电子更不稳定（Fe 与 Mn 的第 I 电离势分别为 7.87eV 和 7.435eV，第 II 电离势分别为 16.18eV 和 15.64eV），且原子直径有较大的可塑性（在不同结晶构型中其直径可在 2.24～2.96kx 范围变化）。

钢液在冶炼过程中有足够的热能使 C 原子激发。当钢液达到某个温度范围时，Fe、Mn 原子将首先失去 1 个电子而呈正一价离子态（Fe^+、Mn^+），在静电引力的作用下，$2Fe^+$ 和 $2Mn^+$ 与呈负电性的 $C\text{-}sp^3$ 相互靠拢，$2Fe^+$ 和 $2Mn^+$ 的 4 个 4s 电子分别进入 C 原子的 2s $\boxed{\uparrow\downarrow}$ $2p_x$ $\boxed{\uparrow\ \ }$ $2p_y$ $\boxed{\uparrow\ \ }$ $2p_z$ $\boxed{\uparrow\ \ }$ 的 4 个空轨道，因此，形成 sp^3 杂化结构的 Fe_2Mn_2C 原子团是完全可能的。随着钢液的冷却和凝固，Fe_2Mn_2C 原子团被固结在 Fe-fcc 晶格中，碳原子则嵌在 fcc 的八面体的间隙中心，其结构模型如图 7-3 所示。

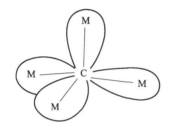 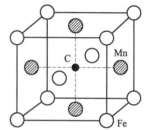

图 7-2　碳原子 SP^3 杂化示意图　　图 7-3　含 Fe_2Mn_2C 的奥氏体晶胞模型

Fe_2Mn_2C 原子团中 Fe、Mn 和 C 的原子含量分别为 40％、40％和 20％，其中 Mn 与 C 原子之比为 2：1。表 7-1 的计算结果表明，Mn12-1.2C 高锰钢中的 Mn 与 C 原子之比接近 2：1，而 Mn6-1.2C 钢中的 Mn 与 C 原子之比接近 1：1，因此要在 Mn6-1.2C 钢奥氏体中形成 Fe_2Mn_2C 原子团，必然存在 Mn 原子的偏聚。

7.3.3　锰钢奥氏体的结构

根据价电子结构理论计算、原子外层电子结构分析、能谱和电子探针分析等结果，可以认为在锰钢奥氏体中存在 C-Mn 原子的短程有序分布。在短程有序区内，C-Fe^f 原子之间较强的结合力导致的共价键使 C 原子与其周围的六个 Fe^f 原子牢固地联系在一起，形成了"坚硬"的八面体，而取代 Fe^f 原子的 Mn 原子以与 C 更强的结合力形成了—C—Mn—C—Mn—强键络，将这些八面体进一步牢固地联系在一起，从而构成了 Fe_2Mn_2C 原子团偏聚区。一个奥氏体晶胞中含有 1 个 Mn 原子的 Fe-Mn-C 原子团偏聚区主要呈一维短程有序结构；一个奥氏体晶胞中含有 2 个 Mn 原子的奥氏体晶胞可起到"铰链"的作用，将一维短程有序区连接成二维或三维短程有序结构，其结构模型如图 7-4 所示。图 7-5 为 Fe-Mn-C 钢中 Mn 的分布能谱成分测定结果，表明其中 Mn 呈山峦起伏的不均匀分布状态。结合前述的价电子结构理论计算和奥氏体中 C-Mn 原子偏聚区的成分分析结果，从理论到实验都证明了锰钢奥氏体中 Fe_2Mn_2C 原子团偏聚区的存在。

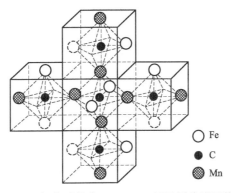

Fe

C

Mn

图 7-4　Fe-Mn-C 钢奥氏体中 Fe_2Mn_2C 原子团偏聚区的结构模型

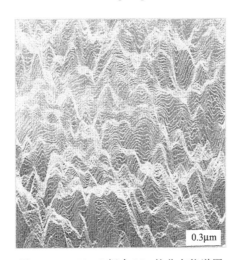

0.3μm

图 7-5　Fe-Mn-C 钢中 Mn 的分布能谱图

大量的 Fe_2Mn_2C 原子团偏聚区散乱地分布在锰钢奥氏体中，不仅使其中的 C 原子扩散困难，$\gamma \rightarrow \alpha'$ 相变时晶格重构的阻力增大，从而使奥氏体极为稳定，而且导致了奥氏体锰钢一系列独特的性能。

7.4　锰钢宏观特性的微观机制

7.4.1　高锰钢的加工硬化机制

综合高锰钢变形过程中的 X 射线衍射、磁称分析、声发射监测和 TEM 观察等实验结果和理论分析，可以认为高锰钢加工硬化主要是由奥氏体中形成的 Fe-Mn-C 原子团对滑移系启动的阻滞效应及其对位错运动的强烈阻碍作用所致。其机制可以用图 7-6 予以说明，间隙型溶质原子 C 位于面心立方结构奥氏体晶胞中八面体间隙的中心位置，并同时位于含 Fe-Mn-C 的奥氏体晶胞模型中的两个相邻的滑移面（$1\bar{1}1$）之间；置换 Fe 原子的 Mn 原子位于六面体面的中心位置，并同时位于两个滑移面上。于是，位于两滑移面之间的 C 原子与位于两滑移面之上的 Mn 和 Fe 原子之间形成了多个共价键。当发生滑移时，必须同时拆散多个 C-Mn 原子键和 C-Fe 原子键。但由于 C-Mn 原子间的共价电子对数 n_A 值高达 1.3144，C-Fe 原子之间的 n_A 值为 0.9391，都远大于 Fe-Fe 原子间的 n_A 值 0.3299（表 7-9）。因此，C-Mn 原子之间的强键力对滑移系的启动必然产生强烈的阻滞效应。这在高锰钢变形时没有明显的屈服点和开始塑性变形阶段即表现出较高的加工硬化能力等实验结果中得到反映。另外，含 Fe-Mn-C 原子团的短程有序区散乱地分布于奥氏体基体中（图 7-7），当运动的位错与这些短程有序区相遇时，C-Mn 原子对中的 C 原子将会陷入位错中心区，由于 Mn 原子对 C 原子的强烈牵制作用，将有效地限制 C 原子随位错的运动，从而对运动位错产生强烈的拖曳作用。当位错通过短程有序区时，在拆散许多强 C-Mn 键的同时，还会使滑移面两侧最近邻的原子发生改组，降低短程有序程度，这必然要消耗更多的能量，从而表现出强烈的强化效应。而当受阻的一组位错切过短程有序区后，便进入无 Fe-Mn-C 原子团的区域，于是位错的运动阻力减小，其外部表现是应力的下降。这一过程周期性循环出现的结果便造成了高锰钢拉伸应力-应变曲线上的锯齿现象。

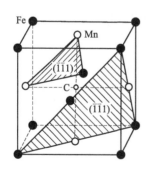

图 7-6　含 Fe-Mn-C 的奥氏体晶胞中两个相邻的（$1\bar{1}1$）面

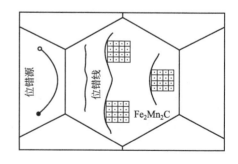

图 7-7　Fe-Mn-C 原子团阻碍位错运动的示意图

变质使奥氏体晶粒细化，Fe-Mn-C 原子团偏聚区的尺寸减小，分布变匀；碳含量提高使 Fe-Mn-C 原子团偏聚区的密度增大，碳化物质点数量增多，从而使位错通过 Fe-Mn-C 原子团偏聚区的周期缩短，应力变化幅度减小，因而使锯齿现象减轻。随着变形的增大，位错不断切过 Fe-Mn-C 短程有序区，使其有序度降低的同时，强 C-Mn 键数目减少，因而使加工硬化率不断降低（图 4-14）。

Flinn 导出了 FCC 或 BCC 材料中短程有序引起流变应力增加的表达式：

$$\Delta\tau = (16\sqrt{6})(M_A M_B V\alpha_1/a^3) \tag{7-7}$$

式中，$\Delta\tau$ 为流变应力增量；M_A 和 M_B 分别为 A 和 B 原子的摩尔分数；V 为 AB 相互作用能；α_1 为最近邻短程有序参数，$\alpha_1 = P_{AB}/M_A$，P_{AB} 为一个特定的 A 原子作为 B 原子最近邻的概率；a 为点阵常数。

如将式(7-7) 中的 A 原子作为 C，B 原子作为 Mn，A、B 相互作用能 V 用 C-Mn 原子间的共价电子对数 n_A 代替，系数用 k 代替，则得式(7-8)：

$$\Delta\tau = kM_c M_{Mn} n_A \alpha_1/a^3 \tag{7-8}$$

式(7-8) 表明短程有序区造成的流变应力增量与 C、Mn 溶质原子的含量及其二者之间的结合力 n_A 值的乘积成正比。C、Mn 溶质原子的含量越多，短程有序区的数目越多，尺寸越大，位错运动的阻力越大；C、Mn 溶质原子间的结合力越大，C-Mn 原子间的结合键越强，滑移时拆散该键越困难。由图 4-14 的拉伸应力-应变曲线可见，碳含量均为 1.2%（质量分数）的锰钢，随置换型溶质原子 Mn 含量的增加，其屈服强度略有提高 ［图 4-14(a)，(b)，(c)，(d) ］；锰含量均为 8%（质量分数）的锰钢，随间隙型溶质原子 C 含量的增加，其屈服强度明显提高 ［图 4-14(b)］；而在 Mn、C 含量同时增加时，钢的屈服强度显著提高 ［图 4-14(b),(d)］。这一结果证明了式（7-8）的正确性。

上述模型和规律不但为本实验结果所证明，而且还得到了其他研究结果的支持。有研究指出，Mn、Cr、Si、Mo 合金元素可把碳或氮原子吸引到其周围而构成原子对。奥氏体固溶体中 C-Mn 原子对及其偏聚区的存在不仅在理论上得到证明，而且在电子探针、穆斯堡尔谱、内耗等实验结果中得到反映。还有研究指出，置换原子和间隙原子可形成"复合物"或原子集团，而不形成单独的相；这些"复合物"由于产生不对称畸变，能显著地提高强度，又因它同位错有强烈相互作用，而引起不连续屈服和应变时效。

7.4.2　变质锰钢的加工硬化机制

不同成分的变质锰钢其强化机制不同，同一强化机制在不同成分的变质锰钢中所起的作用大小也不同。根据组织的不同可将本研究钢种分成两类：稳定奥氏体 γ＋碳化物 K 和介稳定奥氏体 γ_m＋碳化物 K。同高锰钢相比，变质系列锰钢除了 Fe-Mn-C 原子团对滑移系启动的阻滞效应及其与位错的交互作用这一基本强化机制外，还有质点强化、相变强化和细晶强化等机制。

(1) 质点强化

变质锰钢中的质点是不可变形的碳化物硬质点。图 7-8(a) 是在光镜下观察到的碳化物质点阻碍滑移的情形。图 7-8(b) 是在透射电镜下观察到的碳化物质点阻碍位错运动的情景。在两个相邻的碳化物质点的右上方均聚集着高密度的位错，而在其左下方位错密度较低，这表明从碳化物质点的右上方向左下方运动的位错受到碳化物质点的强烈阻碍作用。质点强化符合下列关系式：

$$\Delta\sigma_s = kb/rf^{1/2}\ln(r/b) \tag{7-9}$$

式中，$\Delta\sigma_s$ 为第二相粒子强化引起的合金屈服强度的增量；k 为与母相切变模量有关的常数，$k=10\mu/5.72\pi^{3/2}$；r 为粒子的平均半径；b 是位错的柏氏矢量；f 是粒子的体积分数。

由式(7-9)可见，碳化物硬质点的尺寸越小，数量越多，强化作用越大。质点强化是变质稳定奥氏体锰钢加工硬化能力提高的重要原因之一。

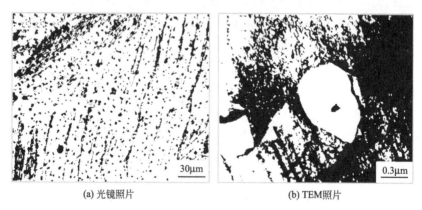

(a) 光镜照片 (b) TEM照片

图 7-8 变质锰钢质点强化机制的光镜照片和 TEM 照片

(2) 相变强化

介稳奥氏体锰钢变形时可产生形变诱发马氏体，其亚结构为位错 [图 7-9(a)]。由于变质处理使奥氏体晶粒显著细化，因而形变诱发马氏体也得到明显细化 [图 7-9(b)]。硬而韧的马氏体与奥氏体相间分布，可起到类似质点强化的作用，有效地阻滞滑移和阻碍位错运动 [图 7-9(a)]；另外，在变形时形变诱发马氏体 α′和奥氏体要协同进行，但由于 α′的硬度和强度比奥氏体高，奥氏体的应变比 α′要大，因而 α′的存在能进一步促进奥氏体的形变强化，从而提高钢的加工硬化能力。形变诱发马氏体引起的相变强化作用对流变应力的贡献可近似借用聚合物两相合金的关系式（7-10）表达：

$$\Delta\sigma_{\alpha'} = f_{\alpha'}(\sigma_{\alpha'} - \sigma_{\gamma}) \tag{7-10}$$

式中，$f_{\alpha'}$ 为 α' 相的体积分数；$\sigma_{\alpha'}$ 和 σ_{γ} 分别为 α' 和奥氏体两相在变形时的流变应力。可见 α' 的量（$f_{\alpha'}$）越多，流变应力（$\sigma_{\alpha'}$）越大，则形变诱发马氏体对加工硬化的贡献就越大。形变诱发马氏体引起的相变强化是变质介稳奥氏体锰钢加工硬化能力提高的重要原因之一。

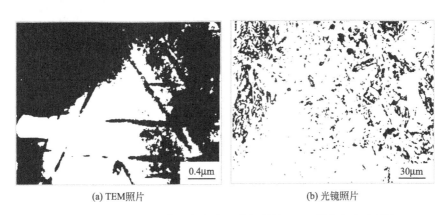

(a) TEM照片　　　　　　　　　　(b) 光镜照片

图 7-9　变质介稳奥氏体锰钢相变强化机制的 TEM 照片和光镜照片

（3）细晶强化

变质使锰钢奥氏体晶粒显著细化（图 3-1，图 3-3），晶粒细化可以提高奥氏体锰钢的加工硬化能力。这是由于相邻晶粒的晶体取向不同和包含位错、异质原子和原子排列不规则的一定厚度晶界。当奥氏体锰钢受力而产生塑性变形时，位错源将首先在分切应力最大且已达到或超过临界分切应力的晶粒内的滑移系中启动，并沿一定晶面产生位错滑移和增殖。由于相邻晶粒的晶体取向不同和具有特殊结构的晶界的存在，滑移到晶界前的位错便为晶界所阻挡。这样，一个晶粒的塑性变形就无法直接传播到相邻晶粒中去。位错源在外力作用下继续增殖出的位错在晶界处产生塞积［图 7-10(a)］，晶界两侧相差悬殊的位错密度正是这种塞积的结果［图 7-10(b)］。于是相邻晶粒的塑性变形就只能依靠其内部位错源的重新启动。在外力作用下，塞积于晶界上的位错产生出一个应力场，这个应力场的作用力可成为激发相邻晶粒内位错源启动的驱动力。当应力场作用于位错源的力等于位错源启动的临界应力时，相邻晶粒内的位错源便启动，这种现象不断进行的结果即可造成宏观的塑性变形。塞积位错应力场的强度与塞积位错的数目和外加切应力有关，而塞积位错的数目正比于晶粒尺寸。因此当晶粒变细时，则必须增大外加应力以激活相邻晶粒内的位错源。这就意味着细晶粒金属产生塑性变形要求更高的外加作用力，也就体现了细晶粒对金属材料强化的贡献。

0.4μm

(a) 位错在晶界处产生塞积　　　　　　　(b) 晶界阻碍位错运动

图 7-10　变质奥氏体锰钢细晶强化机制的 TEM 照片

屈服应力 σ_y 与晶粒直径 d 之间的关系由霍尔-佩奇（Hall-Petch）式(7-11)给出：

$$\sigma_y = \sigma_i + K_y d^{-1/2} \tag{7-11}$$

式中，σ_i 为晶粒中阻碍位错运动的摩擦应力；K_y 为常数。

由式(7-11)可见，晶粒越细，金属的屈服强度越高。细晶强化对变质奥氏体锰钢加工硬化能力的提高有重要贡献。

综合上述结果，如设各种强化机制的作用对强度的贡献可以叠加，则有式(7-12)所示的总强度增量关系式为：

$$\Delta\sigma = \Delta\tau + \Delta\sigma_s + \Delta\sigma_{\alpha'} + K_y \cdot d^{-1/2} \tag{7-12}$$

式中，$\Delta\tau$ 是由置换型溶质原子和间隙型溶质原子交互作用引起的强度增量；$\Delta\sigma_s$ 是由质点强化引起的强度增量；$\Delta\sigma_{\alpha'}$ 是由形变诱发马氏体引起的强度增量；$K_y \cdot d^{-1/2}$ 是由晶粒细化引起的强度增量。变质系列奥氏体锰钢加工硬化能力的提高是上述多种强化机制综合作用的结果。

7.4.3　奥氏体的稳定性

高锰钢奥氏体具有极高的稳定性，其 M_s 点温度低于 $-196\,℃$。由面心立方结构的奥氏体 γ 转变成体心正方结构的马氏体 α' 需要进行晶格重构，这种重构伴随有晶体的切变过程和原子的短距离移动，并要拆散若干 C-Mn 键。但由于含 C-

Mn 晶胞的 n_A 值远大于含 C 晶胞和不含 C 晶胞的 n_A 值（表 7-9），Fe-Mn-C 原子团偏聚区中 C-Mn 间的强键力导致形成的—C—Mn—C—Mn—强键络将有效地阻滞切变过程和束缚原子的运动，使 $\gamma \rightarrow \alpha'$ 晶格重构的阻力剧增，从而使高锰钢奥氏体具有极高的稳定性。

7.4.4　冲击韧性

奥氏体高锰钢具有异常高的冲击韧性，其值高达 $150 \sim 300J/cm^2$。材料的冲击韧性是材料从塑性变形到断裂全过程中吸收能量的能力。奥氏体高锰钢变形时需拆散若干强 C-Mn 键，并降低 Fe-Mn-C 原子团偏聚区的有序度；断裂时要破坏大量强 C-Mn 键。这都需要吸收大量的能量，因而宏观上表现出异常高的冲击韧性。

7.4.5　抗冲击耐磨性

奥氏体高锰钢中 Fe-Mn-C 原子团偏聚区阻滞滑移系启动和阻碍位错运动造成的无与伦比的加工硬化能力可获得高的磨面硬度，可有效地减少切削和变形磨损量；—C—Mn—C—Mn—强键络及其由此导致的异常高的冲击韧性，可有效地延迟裂纹的产生、阻滞裂纹的扩展和基体材料的剥离，使疲劳剥落磨损量大幅度减少。因此，奥氏体高锰钢表现出优异的抗冲击磨料磨损性能。

7.5　本章小结

① 价电子结构理论计算、原子的外层电子结构分析、能谱和电子探针分析等证明，在锰钢奥氏体中形成了—Mn—C—Mn—C—Mn—强键络，并存在 Fe-Mn-C 原子团的偏聚，这些原子团散乱地分布在奥氏体基体中，有效地阻滞切变过程和束缚原子的运动，使 $\gamma \rightarrow \alpha'$ 相变时晶格重构的阻力增大，并可强烈地阻滞滑移系的启动和阻碍位错的运动，从而导致产生了奥氏体锰钢一系列的组织与性能特性。

② 变质和未变质锰钢的拉伸应力-应变曲线上均出现锯齿现象，变质和降低锰含量有使锯齿现象减轻的趋势；产生锯齿现象的原因是位错线周期性地切过 Fe-Mn-C 原子团偏聚区而导致的外加应力周期性上升或下降。

③ C-Mn 原子的交互作用对奥氏体锰钢强度的贡献符合关系式：$\Delta\tau = kM_c M_{Mn} n_A \alpha_1 / a^3$。如设各种强化机制的作用对强度的贡献可以叠加，则固溶强

化、质点强化、相变强化和细晶强化等各种强化机制对总强度的贡献符合关系式：$\Delta\sigma = \Delta\tau + \Delta\sigma_s + \Delta\sigma_{\alpha'} + K_y \cdot d^{-1/2}$。

④ 奥氏体锰钢的主要加工硬化机制是 Fe-Mn-C 原子团偏聚区对滑移系启动的阻滞及其与位错交互作用的结果；具有稳定奥氏体 γ＋碳化物 K 组织的变质锰钢加工硬化能力提高的主要原因是质点强化和细晶强化；具有介稳奥氏体 γ＋碳化物 K 组织的变质锰钢加工硬化能力提高的主要原因是相变强化、质点强化和细晶强化。

第8章 变质锰钢的研究成果与未来展望

本章将汇总变质锰钢的研究结果，综合优化奥氏体耐磨锰钢的化学成分、熔炼工艺、浇注工艺、造型工艺和热处理工艺，探讨提高锰钢耐磨性的途径与方法，展望奥氏体锰钢今后"科学研材，优化产材，合理用材"的发展重点。

8.1 变质锰钢的研究结果

按照"保证安全可靠，简化生产工艺，降低生产成本，提高耐磨性能"的研究思路，通过拉伸变形、压缩变形和冲击磨料磨损实验，结合热分析、磁称分析、声发射、XRD、SEM、TEM、EDAX 和电子探针等手段，以及价电子结构理论和热力学计算，研究了变质系列锰钢（C 质量分数为 0.8%～2.0%，Mn 质量分数为 4%～12%）的组织结构、成分分布、力学性能、动态变形、动态磨料磨损以及加工硬化机制和耐磨机理等，得到如下系列研究结果。

① 变质使系列锰钢的奥氏体晶粒显著细化，柱状晶完全消除；碳化物粒化，连续网状碳化物消失；夹杂物球化，尺寸变小，数量变少，分布变匀；成分偏析显著减小；力学性能综合改善；加工硬化能力明显提高。

② 系列锰钢的变质机理是：SR 变质剂中的变质元素与钢液中的 C、S、O 等元素形成了高熔点的化合物，能先母体金属而析出，可成为结晶时的异质核心；变质剂中偏析系数大的变质元素能促进枝晶熔断、游离和增殖。上述两种作用均使结晶时的形核率提高，从而使铸态组织显著细化。

③ 研制出了经济高效的弥散处理新工艺：先加热至（880±20）℃保温 1～3h，然后直接降温至（570±20）℃保温 3～5h，再升温至（1050±50）℃保温 2～4h，最后出炉水淬。该工艺具有处理次数少、弥散效果好、操作简便、易于推广

等特点。用该工艺处理变质系列锰钢，可获得具有高冲击韧性的细晶粒奥氏体基体中弥散分布有颗粒状碳化物的复相耐磨组织。

④ 在低磨损冲击功条件下，时效处理的变质锰钢耐磨性较好；在中等磨损冲击功条件下，弥散处理的变质锰钢耐磨性最好；在高磨损冲击功条件下，固溶处理的变质锰钢耐磨性较好。

⑤ 在低冲击功下，具有高加工硬化能力的变质 Mn6 钢耐磨性较高；在中等冲击功下，具有较高加工硬化能力和足够冲击韧性配合的变质 Mn8 钢耐磨性最佳；在高冲击功下，具有高冲击韧性的变质 Mn12 钢耐磨性最高。在 1J 磨损冲击功条件下，以含 C 为 0.8%（质量分数）、Mn 为 8%（质量分数）的变质中锰钢耐磨性最好，在实验室条件下和实际生产应用中比普通高锰钢的耐磨性提高 1 倍以上。

⑥ 根据变质系列锰钢的耐磨性与磨面硬度、磨面组织、磨损机理和磨损冲击功之间的关系，提出了"最佳磨面硬度范围"和"适配冲击功范围"两个新概念。当磨损冲击功在"适配冲击功范围"以下时，磨面硬度较低，其主要磨损形式为显微切削和凿坑变形，对应着较低的耐磨性；当磨损冲击功在"适配冲击功范围"以上时，磨面金属严重脆化，其主要磨损形式为疲劳剥落，对应着最低的耐磨性；而当磨损冲击功在"适配冲击功范围"以内时，磨面处于"最佳磨面硬度范围"，具有较高硬度和冲击韧性的配合，其磨损形式为显微切削＋浅小凿坑＋轻微剥落，耐磨性最高。

⑦ 采用价电子结构理论计算、原子外层电子结构分析、扫描透射能谱和电子探针分析证明，C 和 Mn 原子在锰钢奥氏体中呈不均匀分布，并形成了—C—Mn—C—Mn—C—强键络，以 Fe-Mn-C 原子团偏聚区的形式散乱地分布在奥氏体基体中，有效地阻滞切变过程和束缚原子的运动，使 $\gamma \rightarrow \alpha'$ 相变时晶格重构的阻力增大，并可强烈地阻滞滑移系的启动和阻碍位错的运动，从而导致产生了奥氏体锰钢一系列的组织与性能特性。

⑧ 变质介稳奥氏体锰钢中可形成 ε 和 α 两种形变诱发马氏体，且其数量随变形量的增大而增加；拉伸比压缩更有利于形变诱发马氏体的形成；形变诱发马氏体的形成属于塑性变形引起的形变诱发形核机制；形变诱发马氏体优先在贫 C-Mn 处形成。

⑨ 奥氏体锰钢的主要加工硬化机制是：Fe-Mn-C 原子团偏聚区对滑移系启动的阻滞及其与位错交互作用的结果；具有稳定奥氏体 γ＋碳化物 K 组织的变质锰钢加工硬化能力提高的主要原因是质点强化和细晶强化；具有介稳奥氏体 γ＋碳化物 K 组织的变质锰钢加工硬化能力提高的主要原因是相变强化、质点强化和细晶强化。

⑩ 变质系列锰钢的耐磨机理是：a. 在奥氏体基体中散乱分布的 Fe-Mn-C 原子团偏聚区和弥散分布的碳化物硬质点可有效地阻滞滑移系的启动和阻碍位错的运动，提高了锰钢的加工硬化能力和磨面硬度，增强了磨面抵抗磨料切削和凿坑

变形磨损的能力；b. 变质使锰钢奥氏体晶粒显著细化，Fe-Mn-C 原子团分布均匀化，夹杂物球化，铸造缺陷减少，冲击韧性改善，从而抑制了磨损亚表层中裂纹的产生和扩展，提高了抗疲劳剥落磨损的能力；c. 碳含量的适当降低使 C-Mn 原子之间的结合力增大，有效地防止了磨料对基体金属的剥离；d. 变质介稳奥氏体锰钢磨损过程中形成了适量的细小形变诱发马氏体，提高了磨面硬度，阻滞了裂纹的扩展，从而使切削、变形和疲劳剥落磨损量均减少。

8.2　变质锰钢的综合优化

通过对奥氏体耐磨钢化学成分、熔炼工艺、浇注工艺、造型工艺和热处理工艺的综合优化，实现了基体强化、晶粒细化、晶界净化、碳化物粒化、夹杂物球化、性能强韧化的研究目标，获得了优良的抗冲击磨料磨损性能。

实验和应用证明（以下含量为质量分数），含 C（1.0%～1.3%）、Mn（10%～14%）的变质锰钢经弥散处理或固溶处理后，在高冲击磨料磨损条件下不仅具有高的安全可靠性，而且具有优良的耐磨性，碳含量过低时常因变形而失效，碳含量过高时易出现淬火裂纹和断裂现象；含 C（0.8%～1.2%）、Mn（7%～10%）的变质锰钢经弥散处理或固溶处理或铸态水韧处理后，在中等冲击磨料磨损条件下具有足够的冲击韧性和优良的耐磨性，碳含量过低或过高时易出现淬火裂纹，且使用中冲击韧性不足；含 C（0.8%～1.0%）、Mn（5%～7%）的变质锰钢经弥散处理或铸态水韧或时效处理后具有较高的硬度，在低冲击磨料磨损条件下具有较高的耐磨性和经济合理性，碳含量过低或过高时均易出现淬火裂纹，且生产中难以实施。变质锰钢的综合优化结果如表 8-1 所示。

表 8-1　变质锰钢的综合优化结果

工况条件	典型零件	磨损机制	选用材料	主要成分 （质量分数）	热处理	力学性能
高冲击磨料 磨损（>1.5J）	圆锥破碎机破碎壁，拖拉机履带板，锤式破碎机锤头，大型破碎机颚板，大型挖掘机铲齿	疲劳剥落	Mn12(SR) Mn10(SR)	C(1.0%～1.3%)， Mn(10%～14%)	弥散处理 固溶处理	$a_k \geqslant 150 \text{J/cm}^2$ 180～220HB
中冲击磨料 磨损 （1～1.5J）	大中型球磨机衬板，中小型破碎机颚板，破碎机锤头与板锤，辊式破碎机磨辊	显微切削＋ 凿坑变形＋ 疲劳剥落	Mn10(SR) Mn8(SR)	C(0.8%～1.2%)， Mn(7%～10%)	弥散处理 固溶处理 铸态水韧	$a_k \geqslant 80 \text{J/cm}^2$ 200～240HB
低冲击磨料 磨损（<1J）	中小型球磨机衬板，中速磨煤机磨球	显微切削＋ 凿坑变形	Mn6(SR)	C(0.8%～1.0%)， Mn(5%～7%)	弥散处理 铸态水韧 时效处理	$a_k \geqslant 30 \text{J/cm}^2$ 220～300HB

8.3   提高锰钢耐磨性的途径与方法

纵观文献中关于抗磨料磨损合金耐磨机理的研究和本实验结果，抗磨料磨损合金应同时具备较高的磨面硬度、足够的磨面冲击韧性以及两者的合理配合等条件。磨面冲击韧性受磨面硬度的影响，而磨面硬度又受冲击载荷的影响。在一定范围内，冲击载荷越大，磨面硬度越高，磨面冲击韧性越低，三者相互联系，彼此影响。陈南平对此提出了如下的关系式（8-1）：

$$W = K \cdot P / (\varepsilon_f \cdot H)^2 \tag{8-1}$$

式中，W 为材料的磨损率；K 为磨损系数；P 为载荷；ε_f 为材料的断裂应变；H 为材料的原始硬度。

由于奥氏体锰钢的原始硬度 H 与其磨损过程中的耐磨性关系不密切；材料的断裂应变 ε_f 不是奥氏体锰钢的常规性能指标，不便于查找；载荷 P 不具有代表性或通用性，故将其分别用稳态磨损阶段的磨面硬度 H_m、冲击韧性 a_k、磨损冲击功 A_k 代替，可得到式（8-2）：

$$W = K \cdot A_k / (a_k \cdot H_m)^2 \tag{8-2}$$

式（8-2）能够反映材料的耐磨性。在低冲击功下，材料的磨损机理为显微切削和凿坑变形，其磨损速率主要受磨面硬度 H_m 控制（图 6-14）；在高冲击功下，材料的磨损机理为疲劳剥落，其磨损速率主要受冲击韧性 a_k 控制（图 6-14）；在"适配冲击功范围"内，材料的磨损为显微切削＋浅小凿坑＋轻微疲劳剥落的混合机理，其磨损速率受磨面硬度和冲击韧性综合指标的控制（图 6-14）。因此，提高奥氏体锰钢的耐磨性有材料强化和韧化两条主要途径。

（1）强化途径

① 质点强化。在奥氏体锰钢中加入 Ti、Zr、Nb、V、Mo、Cr 等碳化物形成元素，通过弥散处理，获得奥氏体基体中均匀分布有颗粒状碳化物的复相组织，利用碳化物质点与位错的交互作用，可以提高奥氏体锰钢的加工硬化能力和磨面硬度，从而提高奥氏体锰钢的耐磨性。该方法宜用于中、低冲击工况下使用的奥氏体锰钢耐磨件。

② 相变强化。适当降低奥氏体锰钢中锰的含量，调整其 M_s 点温度在 $0 \sim -50 \,℃$ 之间，使磨面在磨损过程中产生适量的形变诱发马氏体，可有效地提高奥氏体锰钢在中、低冲击功下的耐磨性。

③ 固溶强化。适当提高奥氏体锰钢中碳的含量，可明显增加奥氏体间隙式固溶强化的效果。如同时增加奥氏体锰钢中的碳、锰含量，可增加 Fe-Mn-C 原

子团的数量，从而有效地阻滞滑移系的启动和增加位错运动的阻力，提高奥氏体锰钢在中、低冲击工况下的耐磨性。

（2）韧化途径

① 细化韧化。通过变质处理、低温浇注、悬浮浇注、细晶热处理等方法，细化锰钢的奥氏体晶粒，可提高其冲击韧性，缩小磨屑尺寸，减少疲劳剥落磨损量，能有效地提高奥氏体锰钢在中、高冲击功下的耐磨性。

② 球化韧化。在奥氏体锰钢中加入 RE、Mg、Ca、Al 等元素或其合金，可实现对夹杂物的变性和变形，使其球化、细化和分布均匀化，从而有效地改善锰钢的冲击韧性，延迟磨损表层中裂纹的形成和扩展，抑制磨屑的早期形成，减少疲劳剥落磨损量，提高奥氏体锰钢的耐磨性。

③ 净化韧化。采用炉外精炼或真空熔炼，严格执行熔炼和浇注工艺，改进铸造工艺方法，提高冶金质量，减少钢中的夹杂、气孔、缩孔、疏松等缺陷，可显著改善钢的冲击韧性，提高奥氏体锰钢在中、高冲击功下的耐磨性。

对不同耐磨材料进行强化或韧化的重点不同。对高硬度材料应以韧化为主；对高冲击韧性材料应以强化为主。同一耐磨材料随工况条件的不同所进行的强化或韧化的重点亦应不同，就奥氏体锰钢而言，在低冲击功下应以强化为主；在高冲击功下应以韧化为主；在中等冲击功下应强化与韧化并重。

8.4　未来研究展望

人们对奥氏体锰钢的研究已有百余年历史，为了进一步提高高锰钢的耐磨性，国内外众多研究者围绕其化学成分、生产工艺、组织结构、力学性能、使用工况、磨损机制、加工硬化机制等方面进行了长期深入的系统研究，取得了丰硕成果。但其中仍有许多问题至今没有得到很好的解决，有些问题人们仍然观点各异，有些问题甚至至今未被认识，这不利于奥氏体锰钢的应用和发展。笔者认为，奥氏体锰钢今后的研究重点应是"科学研材，优化产材，合理用材"。

（1）科学研材

作为研究者，应以"保证安全可靠，简化生产工艺，降低生产成本，提高耐磨性能"为原则，围绕其化学成分、生产工艺、组织结构、使用工况、磨损机制、加工硬化机制等方面继续进行深入系统的研究，根据工况条件，研制和定型系列耐磨锰钢合金材料，扩大奥氏体锰钢的应用范围、减少材料消耗、获得最大性价比，同时提高社会和经济效益。

（2）优化产材

作为生产者，应通过"采用先进技术、精确控制成分、优化工艺措施、严格生产管理"等途径，综合运用质点强化、相变强化、固溶强化和净化韧化、细化韧化、球化韧化等多种强韧化手段，有效克服目前我国钢铁材料耐磨件生产中普遍存在的组织粗、杂质多、缺陷多、废品多、质量差等现象，生产出高品质、高性能、低成本的系列奥氏体锰钢耐磨件，为用户提供更多的选择品种。

（3）合理用材

作为使用者，应清楚材料的耐磨性具有系统特性，而不是材料固有的属性。同一材料随磨损条件的不同而表现出不同的磨料磨损行为，而不同的材料在同一磨损条件下的磨料磨损行为亦不相同。因此，应根据具体的磨损条件和失效规律合理选用耐磨材料铸件，做到"优选用材，材尽其用"。如在低冲击功工况下，应选择锰含量较低的变质中锰钢；在中等冲击工况下，应选择锰含量较高的变质中锰钢；在高冲击工况下，应选择变质高锰钢。

另外，为了获得更好的使用效果和经济效益，应了解常用耐磨材料的基本种类和性能特点，根据具体的使用工况选择不同类别的耐磨材料。如在高冲击工况下，应选择高冲击韧性的奥氏体高锰钢；在中等冲击工况下，应选择较高冲击韧性的合金高强度耐磨钢或奥氏体中锰钢；在低冲击工况下，应选择高硬度的高铬铸铁（钢）及其他白口铸铁。

参考文献

[1] 朱瑞富，王世清．浅论高锰钢的热处理工艺．金属热处理，1989，(10)：3-5.

[2] 朱瑞富，王世清，王静．Mn13（SG）CrTi 耐磨钢弥散处理工艺的研究．金属热处理，1991，(6)：15－18.

[3] 朱瑞富，王世清．SR 复合强化高锰钢．钢铁研究学报，1993，5（2）：47-52.

[4] 朱瑞富，王世清，雷廷权．SR 复合增强耐磨高锰钢的研究．材料科学与工艺，1993，1：70-73.

[5] Zhu Ruifu, Li Shitong, Wang Shiqing, et al. Mn8（SR）WEAR-RESIATANT CASTIN-GAASTEEL AND ITS ENERGY SAVING HEAT TREATMENT. 第八届国际材料热处理节能大会论文集，1993.9，386-392.（中国，北京）

[6] Zhang Fucheng, Zhu Ruifu, Lei Tingquan, et al. Mossbauer Study on Aging of Fe-6Mn-2Cr-1C Alloy. Script Met, 1995, 32（9）：1477－1481.

[7] 朱瑞富，李士同，王世清，等．变质和弥散处理对高锰钢组织和性能的影响．钢铁，1995，30（6）：58-60.

[8] 张福成，朱瑞富，毛军，等．关于球磨机衬板耐磨性的实验室评定方法．机械工程材料，1995，19（2）：44-46.

[9] 朱瑞富，吕宇鹏，李士同，等．高锰钢的价电子结构及其本质特性．科学通报，1996，41（14）：1336-1137.

[10] 朱瑞富，李士同，吕宇鹏，等．Mn8 钢 TEM 原位拉伸变形过程的动态观察．科学通报，1996，41（24）：2277-2280.

[11] ZHU Ruifu（朱瑞富），LU Yupeng（吕宇鹏），ZHANG Fucheng（张福成）. Valence electron of high manganess steel and its intrinsic property. CNINE SESCIECE BULLETIN, 1996, 41（15）：1313-1316.

[12] ZHU Ruifu（朱瑞富），LI Shitong（李士同），WEI Tao（魏涛），et al. Dynamic observations on TEM in-situ tensile deformation of Mn8 steel. CNINESE SCIECE BULLETIN, 1996, 41（23）：2011-2015.

[13] 朱瑞富，张福成，吕宇鹏，等．Fe-Mn-C 合金的价电子结构分析．金属学报，1996，32（6）：561-564.

[14] 张福成，郑炀曾，朱瑞富，等．介稳奥氏体锰钢耐磨性的研究．钢铁 1996，31（1）：58-86.

[15] 朱瑞富，张福成，郑炀曾，等．Fe-Mn-Cr-高 C 四元合金马氏体相变热力学计算．金属热处理学报，1996，17（1）：39-43.

[16] 朱瑞富，吕宇鹏，李士同，等．变质 Mn8Cr1 耐磨钢弥散组织的形成机制．金属热处理学报，1996，17（2）：22-25.

[17] 朱瑞富，吕宇鹏，李士同，等．变质 Mn6 耐磨钢弥散处理过程中的组织变化．金属热处理，1996，(4)：13-14.

[18] 隋金玲，朱瑞富，魏涛，等．变质对中锰钢组织与性能的影响．金属热处理，1996，

(1)：3133.

[19] 吕宇鹏，朱瑞富，朝志强，等．Fe-Mn-C 合金奥氏体中的短程有序区及其结构模型．国外金属热处理，1996，17（增刊）：31-34.

[20] 朝志强，朱瑞富，陈传忠，等．Mn13（SR）VTi 耐磨钢及弥散处理工艺的研究．国外金属热处理，1996，17（增刊）：116-120.

[21] 朱瑞富，李士同，陈传忠，等．系列奥氏体锰钢的拉伸变形行为．国外金属热处理，1996，17（增刊）：88-92.

[22] 朱瑞富，李士同，陈传忠，等．变质系列锰钢耐磨性的研究．国外金属热处理，1996，17（增刊）：84-87.

[23] 朱瑞富，雷廷权，吕宇鹏，等．浅论高锰钢的加工硬化机制．国外金属热处理，1996，17（增刊）：18-22.

[24] 朱瑞富，吕宇鹏，李胜利，等．Fe-Mn-C 合金中的 C-Mn 偏聚及其对相变的影响．国外金属热处理，1996，17（增刊）：27-30.

[25] 朱瑞富，陈传忠，吕宇鹏，等．Ti 对 Mn8 钢中碳化物的变质作用．国外金属热处理，1996，17（增刊）：23-26.

[26] 朱瑞富，吕宇鹏，李士同，等．Mn6（SR）钢的加工硬化与磁性变化．矿山机械，1996，(2)：25-27.

[27] 朱瑞富，雷廷权．DYNAMIC OBSERVATIONS OF IN-SITU TENSILE DEFORMATON FOR MEDIUM AUSTENITIC STEEL. 第九届国际材料热处理大会论文集，1996.9，157.

[28] 朱瑞富，李士同，刘玉先，等．Fe-Mn-C 合金中的 C-Mn 偏聚及其对相变和形变的影响．中国科学（E 辑），1997，27（3）：193-198.

[29] ZHU Ruifu（朱瑞富），LU Yupeng（吕宇鹏），WEI Tao（魏涛）. C-Mn Segregation and its Effect on Phas Transformation and Deformation in Fe-Mn-C Alloys. SCIENCEE IN CHINESE，1997，40（6）：567-573.

[30] ZHU Ruifu（朱瑞富），ZHANG Fucheng（张福成），LU Yupeng（吕宇鹏），et al. Modifing Effect of RE and Ti on Austenitic Manganese Steel. JOURNAL OF RARE EARTHS，1997，15（4）：286-238.

[31] 朱瑞富，张福成，朝志强，等．稀土和钛对 Fe-Mn-C 合金的变质作用．中国稀土学报，1997，15（3）：234-238.

[32] 朱瑞富，朝志强，李士同，等．变质中锰耐磨钢与铸态水韧节能热处理．钢铁，1997，32（2）：57-60.

[33] 朱瑞富，吕宇鹏，李士同，等．碳-锰原子对在奥氏体高锰钢中的作用．钢铁研究学报，1997，9（1）：34-37.

[34] 朱瑞富，朝志强，魏涛，等．奥氏体中锰钢加工硬化的微观机制．钢铁研究学报，1997，9（1）：30-33.

[35] 朝志强，王晓燕，吕宇鹏，等．熔炼方法对高锰钢耐磨性的影响．铸造，1997，17（12）：36-37.

[36] 朱瑞富．系列奥氏体锰钢的拉伸变形行为．山东工业大学学报，1997（1）：50.

［37］ 朱瑞富 . Fe-Mn-C 合金奥氏体变形过程的磁性变化与加工硬化 . 水利电力机械，1997
（2）：19.

［38］ 朱瑞富 . 奥氏体锰钢中的 C-Mn 偏聚及 TEM 薄膜原位动态变形行为 . 中国机械工程学会第三
届青年学术大会特邀报告，1998.11.

［39］ 朱瑞富，吕宇鹏，李士同，等 . 变质系列锰钢耐磨性的研究 . 钢铁，1998，33（2）：54-56.

［40］ 吕宇鹏，李士同，朱瑞富，等 . 变质处理对超高锰钢铸态和热处理组织的影响 . 钢铁，1998，
33（12）：50-53.

［41］ 朝志强，吕宇鹏，董玉平，等 . 奥氏体锰钢的研究现状与进展 . 钢铁研究学报，1998，10
（5）：63-66.

［42］ 朝志强，董玉平，吕宇鹏，等 . 奥氏体锰钢的化学成分与热处理工艺 . 金属热处理，1998，
（6）：9-12.

［43］ LU Yupeng（吕宇鹏），ZHU Ruifu（朱瑞富），LI Shitong（李士同），et al. C-Mn Segregation
and its Effect on Phas Transformation in Fe-Mn-C Alloys. PROGRESS IN NATURAL SCI-
ENCE，1999，9（7）：539-544.

［44］ 朱瑞富，李士同，吕宇鹏，等 . Fe-Mn-C 奥氏体锰钢中的 C-Mn 偏聚及其对相变的影响 . 自然
科学进展，1999，9（6）：558－563.

［45］ 吕宇鹏，李士同，陈方生，等 . 变质超高锰钢冲击磨料磨损行为 . 金属学报，1999，35（6）：
581-584.

［46］ 吕宇鹏，朱瑞富，李士同，等 . 热处理工艺和磨损冲击功对变质 Mn8 钢耐磨性的影响 . 钢铁，
1999，34（6）：58-61.

［47］ 吕宇鹏，朱瑞富，李士同，等 . 锰钢奥氏体组织与性能的价电子结构分析 . 钢铁研究学报，
1999，11（1）：55-57.

［48］ 吕宇鹏，李士同，雷廷权，等 . Fe-Mn（Cr）-C 系合金马氏体的价电子结构分析 . 钢铁研究学
报，1999，11（2）：59-62.

［49］ 吕宇鹏，朱瑞富，李士同，等 . 超高锰钢中的两次匹配异质形核 . 钢铁研究学报，1999，11
（3）：48-51.

［50］ 朱瑞富，董宇平 . 浅论高锰钢的加工硬化机制 . 兵器材料科学与工程，1999，（5）：61.

［51］ 董宇平，朱瑞富 . 作为耐磨材料的高锰奥氏体钢 . 国外金属热处理，1999，（1）：46.

［52］ 吕宇鹏，朱瑞富，雷廷权，等 . Me 对 Fe-Me-C 合金奥氏体价电子结构的影响 . 应用科学学
报，1999，17（4）：485-488.

［53］ 陈鹭滨，吕宇鹏，朱瑞富 . 耐磨锰钢的变质处理及其研究进展 . 材料导报，2004 年 10 月第 18
卷专辑Ⅲ：361-363.

［54］ 张清 . 金属磨损和金属耐磨材料手册 . 北京：冶金工业出版社，1991.

［55］ 陈希杰 . 高锰钢 . 北京：机械工业出版社，1989.

［56］ 高彩桥 . 金属的摩擦磨损与热处理 . 北京：机械工业出版社，1988.

［57］ 徐祖耀 . 马氏体相变与马氏体 . 北京：科学出版社，1980.

［58］ 邵荷生，张清 . 金属的磨料磨损与耐磨材料 . 北京：机械工业出版社，1988.

［59］ 铸钢手册编辑委员会 . 铸钢手册 . 北京：机械工业出版社，1982.

［60］ 余宗森．稀土在钢铁中的应用．北京：冶金工业出版社，1987.

［61］ 中国金属学会编译组．物理冶金学进展评论．北京：冶金工业出版社，1985.

［62］ 俞德刚．钢的强韧化理论与设计．上海：上海交通大学出版社，1990.

［63］ 陈华辉．耐磨材料应用手册．北京：机械工业出版社，2012.

［64］ 余瑞璜．固体与分子经验电子理论．科学通报，1978，23（4）：217.

［65］ 刘志林．合金价电子结构与成分设计．长春：吉林科学技术出版社，1989.

［66］ 张瑞林．固体与分子经验电子理论．长春：吉林科学技术出版社，1993.